精 英

未曾选择的路

星辰◎著

中国财富出版社

图书在版编目（CIP）数据

精英：未曾选择的路 / 星辰著 . —北京：中国财富出版社，2015.9
（智读汇・名师书苑）
ISBN 978-7-5047-5779-1

Ⅰ. ①精… Ⅱ. ① 星… Ⅲ. ①成功心理 - 通俗读物 Ⅳ. ① B848.4-49

中国版本图书馆 CIP 数据核字（2015）第 143912 号

策划编辑 丰 虹　　责任印制 方朋远
责任编辑 戴海林 吴伊文 吴艳红　　责任校对 梁 凡

出版发行 中国财富出版社
社　　址 北京市丰台区南四环西路 188 号 5 区 20 楼　邮政编码 100070
电　　话 010 － 52227568（发行部）　010 － 52227588 转 307（总编室）
　　　　 010 － 68589540（读者服务部）　010 － 52227588 转 305（质检部）
网　　址 http: //www.cfpress.com.cn
经　　销 新华书店
印　　刷 北京旭丰源印刷技术有限公司
书　　号 ISBN 978-7-5047-5779-1 /B・0448
开　　本 710mm×1000mm 1/16　　版　　次 2015 年 9 月第 1 版
印　　张 12.25　　印　　次 2015 年 9 月第 1 次印刷
字　　数 152 千字　　定　　价 39.80 元

自序

我有一个梦想

我有一个梦想——改变中国的教育模式。让以教师为主体的教育模式改变为以学生为主体的教育模式，以讲授为主的教育模式改变为以体验为主的教育模式。与时俱进，为未来中华大地培养精英，这是吾之责任！

我有一个梦想——延续中华的精英文化。中华文明凝聚着历史长河中无数中华精英的心血，抛头颅、洒热血，只为中华文化源远流长！

我有一个梦想——延续革命志士的忠魂。我从小看革命书籍长大：从苏联的《钢铁是怎样炼成的》《这里的黎明静悄悄》《青年近卫军》《铁流》《毁灭》，到中国的《红旗谱》《红日》《青春之歌》《红星照耀中国》《保卫延安》《林海雪原》等。书中的那些有为青年、革命志士为国家赴汤蹈火、义无反顾！是什么使他们成为这个世界上最“可爱”的人？是国家强盛，人民幸福，百业兴盛！忘记历史就意味着背叛，那些为国家、为和平洒过热血的人，他们是如此的真实而可爱！

我有一个梦想——传播东西方的精英文化。达·芬奇、马克思、爱因斯坦、特斯拉……他们为后世之人留下的思想是全人类的财富，他们也是人类的精英，他们不受地域所限，因为精英不仅属于自己，他们还属于一个国家、一个民族，更属于全世界！

我有一个梦想——打造精英的族群，让他们真正能够成为国家的栋梁、民族的脊梁。中国梦更需要无数精英为之努力奋斗！愿精英的族群，一同开创一段精英之旅，让中华民族真正崛起，让中华文明成为最耀眼的明珠！

我有一个梦想——让每一座大山、每一条河流如兄弟姐妹般歌唱。让无数幸福的人们能够在广阔的原野喂马、劈柴，周游世界！

我有一个梦想——让你我的幸福相互传递，一起创造一个共好的、幸福的世界！

我有一个梦想——让中国的精英阶层生根发芽，生长壮大，到那最深远的大海，去那最深邃的星空，让东方面孔成为未来最璀璨的明星！

让我的梦想连接你的梦想，让我们的梦想汇集成天空，汇集成海洋，佑护地球在浩然的宇宙中勇敢前行！

星　辰

2015年2月16日22点

目录 | Contents

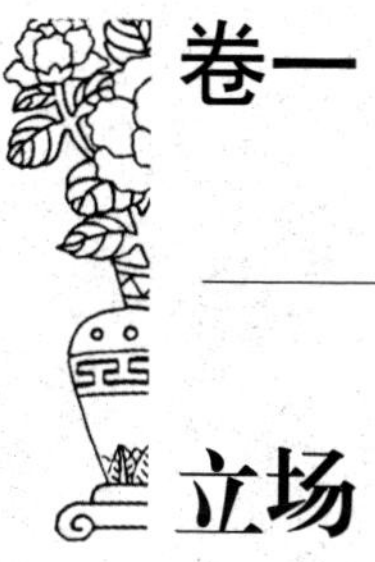

卷一 立场

何谓精英

“精英”这一概念最早源于17世纪的法国，指的是“精选出来的少数”或“优秀人物”。《汉语大词典》对“精”的定义：形声字，从米，青声。本义是挑选过的好米，上等细米。《说文解字》对于“英”的解释是：英，草荣而不实者。所谓精英，乃挑选过的上等的米和繁荣茂盛的草。

在世界历史的长河中，每一个强盛的民族都是由真正能够代表这一民族的英雄人物所领导，每一个不同历史时期的辉煌也是由代表这一时期的英雄人物所创造，这些英雄们就是“精英阶层”。

秦国由秦孝公选择商鞅变法开始，将支离破碎的秦国变成强盛的秦国，与此同时造就出一批奋发图强的精英阶层，正是他们，跟随着嬴政东征，完成了古代中国统一的大业，造就了中国第一个“始皇帝”；汉代虽说只有五六千万人口，但汉武帝选择了卫青、霍去病、东方朔、司马相如，正是这一批时代的精英造就了大汉伟业；唐太宗李世民因为有秦叔宝、李绩、魏徵、房玄龄等一大批精英辅佐，铸就了唐朝的盛世；朱元璋因为有徐达、汤和、刘伯温等精英，开天辟地般创造了大明伟业。

无论历史如何发展，弱肉强食的生存法则永远不会改变。晚清之所以不断沦丧，就在于列强的“精英”之国对阵“积弱”的中国。所以，一个国家要想强盛，一个民族要想强盛，必须要有一个真正的“精英阶层”崛起。

精英要有自己的活法

那么，精英是怎么被“挑选”出来的？

首先，由我们的自我选择来决定。每个人都有可能成为精英，但并不是每个人都会主动选择做精英。换句话说，大家都可以成为米，但成为细米、好米却是一个“人”在自我发展、社会发展中，不断地做出正确选择，不断地选择自我磨砺的结果。能成为精英的人，他的选择并不一定都正确，但绝大多数选择是有效的，并且可以使他成为这一领域的专家或者是引导者。

其次，精英是由历史选择、决定的。历史会选择一些符合时代潮流的精英。有的人及其事业，当下并不一定被人们认同，甚至在一百年内都有可能不被人们理解，但其创造和贡献从人类历史长河来看，从人类文明进程来看，有可能起着引导性作用，这样的人必然是精英。

从“小历史”来看，那就是，能给百姓带来实际好处的人，必然会成为百姓口口相传的精英。但不要忽略更微小的历史，比如一个学校，一个社区，一个村落，能够给这一“微小区域”带来贡献或价值的人亦是精英。

站在人生的十字路口，我们经常会思考什么是选择。

所谓选择，表面上看就是挑选。一日三餐要挑选细米、好米、精米，而不是挑选糙米、霉变的米。企业招聘，要选精兵强将，选认同企业文化和价值观的人，而不是聘用与企业文化对立的员工。

更深一层，选择就是作决策。决策对了，事就成了。成功人生都是这样的：一个选择对了，又一个选择对了，不断地做出对的选择，便产生了成功的结果。失败的人生呢？一个选择错了，又一个选择错了，太多的错误选择，到最后只会产生失败的结果。

以日常生活中的下棋为例，按照棋艺游戏规则，对弈者不断做出各种各样的选择，做出对的选择多的一方往往就是赢家。人生亦如此，人生就像一个巨大的棋盘，所有人在里面不断地做出各种各样的选择，最后的赢家总是那些做出正确选择比较多的人。

下棋有技巧，人生亦有技巧。数学好的人可以计算赢的“概率”，精英可以通过已发生的和未发生的事情掌握自己的命运。

中国当下的精英阶层在哪里？又将去向何处？

作为生活在当下的我们，将如何做出选择？

活着，难道仅仅是为了活着？不，精英要有自己的活法！

美国著名诗人罗伯特·弗罗斯特曾经写过一首著名的诗——《未曾选择的路》。

黄色的树林中分出两条路，
可惜我不能两条都踏行。
一人岂能同行两条道，
我久立而难前。
放眼朝一条路望去，
直到它隐没在树林深处……

在许多许多年后，在某处，
我会轻声叹息：
黄树林中分出两条路，
而我选中了人迹较少的那一条，
因而造成了日后所有的不同。

我们好像总是在路上，跟随着自己的心，迷失在黑暗的沼泽里，越陷越深……这是为什么？

有一句话原来经常被人们用来激励活提醒自己：向前看！现在却被太多的人改成了：向钱看！

“向前看”与“向钱看”，你会选择哪一个？

一个站在未来的制高点，一个站在当下的利益点。你会作出怎样的选择？

就像《未曾选择的路》所描述的那样，你只能选择一条。然后，坚持用心地走下去，若干年后就造成了所有的不同。

很多人会说，远方的路，看不清楚，我只能走好脚下。

很多人会说，未来还很遥远，我只活在当下。

很多人会说，没有现在，哪来的未来？

很多人会说，前面是什么，我不知道，走一步算一步。

很多人会说，理想归理想，现实归现实。我就是这个样子！

可是，我们真的只能这样吗？

精英不是别人给予的，而是自己认同的——

我们每个人都守着一扇自内开启的“改变之门”，但这个门很特殊，除了自己，没有人能为你打开。即使别人使用千百倍甚至上万倍的力量，想要将这个门打开，也不可能。这个门，像天堂之门一样，难以开启。但是，只要你愿意敞开心扉，抛却固有的旧思维，把良好的知识转化为行动和习惯，“门”的开关就掌握在你的手中。

这一成功的法则，与心理学家亨利·福特所发现的自我心像（镜像）有异曲同工之妙。

为了进一步阐释这一理论，我们可以用发生在英国的一个故事来进行解读。

英国一所中学在用电脑分班时出现了错误：本来是优等生班的，被标为差等生班，本来是差等生班的，被标为优等生班。

给这两个班级上课的都是新教师，这些教师就按照电脑分好的班来上课。

面对着优等生班（在电脑上被标为差等生班）的学生，教师们上课没有什么激情，觉得这些学生未来根本没有什么希望，上课便马马虎虎，甚至对有些学生的提问都懒得回答，心想：都这么差了，还装什么爱学习？再学也好不到哪去。

这些优等生一开始还没觉察什么，可是时间一长就觉得不对劲了。后来一打听，原来这些教师都认为他们是差生，便开始不理解，甚至愤恨，最后发展到自暴自弃。

而面对着差等生班（在电脑上被标为优等生班）的学生，教师们上课非常有激情，甚至觉得未来的首相就会在其中产生。于是，这些教师满怀希望地去上课。可是，刚讲一会儿就发现不对了：台下没有炯亮的目光，而是迷茫的眼神。那种目光的意思好像是在说：你在讲什么？

这些教师快疯掉了，因为他们讲的东西学生们都理解不了。但在这些教师看来，这可是这所学校的优等生，他们怎么能理解不了呢？教师们不会去想他们是差等生，而只会想到自己教的方法有问题——这样好的学生，理解力怎么会差？

教师们开始拼命改善教学方法，对于学生不懂的地方反复讲解，甚至还为个别学生开了“小灶”。这些差等生们一开始还觉得这些教师实在奇怪：都什么时候了，还对我们好？早干什么去了？但一段时间下来，他们发现自己没有被人抛弃，这些教师是真心对待他们的。于是，差等生们真的认真起来，他们告诉自己还行，自己也是优等生。有些学生甚至开始拼命地苦读苦练。

半个学期就这样过去了，终于有人发现了电脑的错误，便将这件事反映到校长那里。但是校长听完后，却没有立即更正，而是要求大家再坚持半个学期，等期末测试后再将错误调整过来。

结果，在期末的测试中，优等生的成绩普遍下降了50%，而那些差等生的成绩却普遍上升了50%……

这就是人类的自我镜像。

自认是失败者的人，必将会成为失败者，这样的人会将自己的意志、他人的善意甚至好机会都弃之不顾。同理，那些自认是不公平的牺牲者，自认是注定要受苦的人，他们的失败在于，他们会去寻找各种借口去证实其自我镜像。

自认是成功者的人将会想尽办法去成功，而将自己的意志、他人的恶意甚至面临的困境都充分利用，认为这是上天给他的历练，就像孟子所说的：故天将降大任于斯人也，必先苦其心志，劳其筋骨，饿其体肤，空乏其身，行拂乱其所为，所以动心忍性，曾益其所不能……

精英不是别人给予的，而是自己对自己的认同。

你认为自己是精英，你就会选择成为精英，走上一条精英之路！

精英，在于一步迈向天地的行动——

世界上，唯一不变的只有两件事情，那就是变化和原则。

我在授课的时候常问学员这样一个问题：“这个世界上永远不变的是什么？”有人说是天空，有人说是四季，有人说是日夜……

其中一个学员回答说：“变化。”他本来是开玩笑式的回答，结果他答对了。

是的，这个世界永远不变的就是变化。

对于个人来说，变化的关键因素之一就是看其有没有反省的能力。也就是说，变化来自反省。汤之《盘铭》曰：“苟日新，日日新，又日新。”商汤这位伟大的王，在自己天天洗脸的盆上刻着这样几句话，意思是如果能够一天保持进步，就应该天天保持进步，日新月异，进步了还要进步。人们常说的精进就是这个道理，努力向善向上，其实就是每天进步一点点。

变化来自不断地反省。曾子曰：“吾日三省吾身：为人谋而不忠乎，与朋友交而不信乎，传不习乎？”只有不断地反省，人才能不断地进步，进而达到“精进”的境界。

现在，很多人不但不改变，还拒绝改变。许多人以旧有的经验作为处世法则，故步自封。

柯达曾是世界上最大的影像产品公司，占有全球 2/3 的胶卷市场，拥有一万多项专利技术，世界上第一台数码相机是柯达在 1975 年发明的。然而，当面对市场变化时，柯达却是寄希望于专利保护，以保护现有产品。一些企业却在借鉴柯达专利的同时，巧妙地避开了专利保护的障碍，开发了更廉价的数码产品，此时柯达还执着于在专利保护上花尽心思，大量的新技术开始出现，当意识到问题的严重性时，为时已晚。在 2012 年 1 月柯达申请破产保护，不愿意放弃既有市场，想用专利保护来阻挡新技术，但这一举措回天乏术，终究被数码技术的洪流颠覆。

以前诺基亚几乎就是手机的代名词，连续 14 年占据市场份额第一，是当之无愧的移动老大。在 2007 年，苹果 iPhone 出现了，通过线上服务软件拉拢了无数开发者。诺基亚依然固守传统思维和产品，错失良机，就算现在与微软合作，推出 WINDOWS PHONE 系统（2010 年微软发布的智能手机操作系统），但是相比 IOS（苹果公司 2007 年开发出的移动操作系统），缺少第三方应用，最终无力回天。

再大的公司，如果不反省不改变就会垮掉，人亦然。人如果不反省，就不会有改变，没有改变，就只能永远生活在过去的世界里，个人的成长和发展也就都是空谈。变化会带来创新。到底什么才是创新？

所谓“创”就是打破常规，所谓“新”就是在打破常规的基础上推陈出新，产生出具有现实意义的东西。人类每一次大进步，都是因为新创意（发明）的出现。

比如车轮，据英国科学史家李约瑟考证的结论，约在 4500 年到 3500 年前，中国出现了第一辆车子。而《左传》中提到，车是夏代初年的奚仲发明的。正是车轮给人类活动带来了极大的便捷，因此推动地球的几大文明快速发展。

中国古代的四大发明也是如此。指南针（当时叫司南）的出现，将人类带入了大航海的时代，将各个大陆的文明连接起来，世界文明从此开始融合。

造纸术的出现将人类文明从口口相传、石刻相传、竹简相传带到了文字相会、书籍相传，对于整个人类智力的启迪和传播有着不可或缺的作用。

印刷术的出现将少数人（主要是贵族）的知识权力下放到普通老百姓的手里。知识，不再专属于贵族，开始走向大众，知识权力也由贵族开始走向大众。据说欧洲黑暗的中世纪，教会垄断了一切，正是由于印刷术的传播，才有了文艺复兴，才奠定了民主、平等、博爱的基础。

火药的出现，源于中国古老的炼丹术。这一偶然的发现，却被人们用于战争。然而，火药对于人类的真正贡献，绝不在于战争，而在于将人类从地球带向了宇宙空间。没有火药的发明，就不会有后来的火箭和宇宙飞船，更没有人类对星空的无限探索。

再比如蒸汽机，蒸汽机是西方的发明，这一发明也是现代文明的基石。从 1765 年到 1790 年，瓦特运用科学理论进行了一系列发明创造，比如制造分离式冷凝器、在汽缸外设置绝热层，制作油润滑活塞、行星式齿轮、平行运动连杆机构、离心式调速器、节气阀、压力计等。这些发明将蒸汽机的效率提高了三倍多，最终发明出了现代意义上的蒸汽机。农业文明完全被工业文明取代，蒸汽机功不可没。直到今天，人们还在使用蒸汽涡轮发动机来发电。

2010 年参观上海世博会时，让我印象最深的不是展馆豪华的设施，而是科技，其中不得不说的是意大利馆。馆里的电子屏反复介绍着意大利对当代人类文明的贡献：电池的发明者是亚历山德罗 · 伏特；温度计的发明家是伽利略；汉语拼音方案的发明人是罗明坚和利玛窦，他们发明这一方案的本意是为了学习汉语，现在却成为中国小学生必学的语言启蒙知识。

在意大利重要的发明家里，达芬奇尤其引人注目，他堪称文艺复兴时期的标志性人物，他能绘画，能雕塑，也是一位卓越的科学家。

提到达芬奇和他的发明时，你最好这样问：“什么东西不是他发明的？”因为他发明的东西实在太多了。在达芬奇一万三千多页的工作日志里绘有许多东西的设计图，至今仍在影响科学研究。2005 年，一名英国外科医生还利用达芬奇设计的方法进行心脏修复手术，这件事情本身就让人吃惊。

在现代社会，不打破常规，无所谓“创”，不推出新的具有现实意义的东西，也称不上“新”。商业创新更多的是指创造新产品，并实现其市场价值。用公式来表示：创新 = 新的创意 + 市场价值（实践价值）。

通过公式我们发现，创新需要两个核心内容：一是创意，二是市场价值（实践价值）。

乔布斯以简单化、人性化及审美三大创新原则，缔造了苹果公司商业帝国。马克·扎克伯格作为一名年轻的首席执行官，被人誉为“保持创新的大男孩CEO”，他以独特的创新精神，创造了史无前例的社交网站Facebook。国内有“雷布斯”之称的雷军，创办小米公司仅两年时间，销售收入突破100亿元，如今，不过第5年，小米的市值已经超过1000亿元了，其成功的基因仍是创新……他们无疑是商业领域的精英。像他们这样的精英，在人类历史上可以说不胜枚举。

精英，不是被改变，而是勇于去改变。

精英，在于一颗变化的心，一腔勇于变化的激情，一步迈向天地的行动。

若干年后，你再回首，你会发现，一切都已不同。

就像罗伯特·弗罗斯特在《未曾选择的路》中所描述的，一个人因为选择了人迹较少的那一条路，而造成了日后所有的不同。

读书笔记

读书笔记

卷二 —— 思维

少女自我拯救的思维智慧

精英的核心一定不是权力、势力、财富，它与一个人的智力有关。

智力的核心是思维而不是知识。一个人智力的高低，取决于思维技能的高低。只有思维方式不断更新，思维技能不断提高，才能在这个激烈的脑力竞争的时代生存下来。

现在的智商测试让人们都进入了一个误区，觉得智商代表了一切，智商就是智力的代名词。其实，智力包括智商和情商。思维方式和思维技能不仅需要方法，还要融合情感选择。智慧，则是更高的境界！人有智商不难，有智力也不难，但有智慧很难。

思维是个人认知、了解及诠释周遭世界的方式，是一种心智特征。每个人的思维都是学习与经验的产物，就像天下没有两片完全一样的树叶一样，没有两个人会分享完全相同的知识及经验，也就是说，天下没有两个人是具有相同思维的。

我们始终生活在一个矛盾的世界中，而这个世界最大的矛盾其实就是：我们生活在三维、四维的世界里，却习惯于用零维、一维的思考方式，用零维、一维的思维去解决我们三维、四维世界中遇到的问题，结果自然是无法解决我们遇到的问题，至少大部分问题无法得到解决。

原因就在于，我们在思维上陷入了困境。

有关思维，有一种看法认为，思维就像走路或者呼吸一样，我们不需要，也不可能对它做些什么。也就是说，如果你天生聪颖的话，那你自然就是一个优秀的思考者；如果你生来愚笨，那就只有自认倒霉，唯一的办法就是按照聪明人说的话去做。

另一种看法认为，思维是一种技巧，就像开车、表演杂技、烹调、滑雪、投标枪或编织一样，总有一些人比另外一些人技高一筹，但只要我们愿意，每个人都可以通过训练来大大提高这些方面的技巧。

这两种看法和观点，你会选择哪一种呢？

有这样一个故事，叫《商人女儿的故事》，我也喜欢把它叫《黑白石头的故事》。

在英格兰，很多年前，一个人只要欠了别人钱，就会被送进监狱。一个伦敦商人就很不幸地欠了高利贷者一大笔钱。这个放高利贷的商人又老又丑，但他却对伦敦商人美丽的妙龄女儿垂涎三尺。于是，他提出了一个交易。他说只要让他得到伦敦商人的女儿，他就可以抹消伦敦商人的债务。

伦敦商人和他的女儿都被这个提议吓坏了。狡猾的高利贷商人便进一步说让上帝来决定这件事情。他告诉可怜的伦敦商人和少女，他会把一颗黑色和一颗白色的鹅卵石放进一个空的钱袋里，然后让少女挑选出其中一颗。如果她选中的是黑色鹅卵石，那么，她将嫁给高利贷商人，她父亲的债务也会被抹消；如果她选中的是白色鹅卵石，她不仅可以继续留在她父亲身边，而债务也将被抹消。但是，如果她拒绝挑选鹅卵石，那么，她父亲将会被送进监狱，而她会开始过上食不果腹的生活。

伦敦商人很不情愿地接受了这一提议。他们当时正站在高利贷商人的后花园里，脚下正好是一条由鹅卵石铺成的黑白相间的小路。于是，高利贷商人弯腰拾起了两颗鹅卵石。正当他拾起鹅卵石的时候，眼尖的少女吃惊地发现他拾起了两颗黑色鹅卵石，并把它们放进了钱袋。接着，高利贷商人要求少女选出一颗决定着她和父亲命运的鹅卵石。

假如当时是你站在高利贷商人的后花园里，如果你要帮这名可怜的少女出主意，你会出什么主意？假如你正是那名不幸的少女，你会怎么做？

你也许会认为，经过仔细的推敲和逻辑思考，你一定会找到解决方案。但逻辑思维（垂直思考）并不能帮助这位少女。在逻辑思维下，你可能想到的方案无非是以下三种：

（1）少女拒绝挑选石头，高利贷商人会直接送她父亲进监狱。

（2）少女应该指出钱袋里装着的是两颗黑色鹅卵石，从而揭穿高利贷商人的骗局，高利贷商人很丢脸，两方矛盾会激化，结果甚至更糟。

（3）为了使父亲免受牢狱之苦，少女挑选出一颗黑色鹅卵石并牺牲自己，但这本身就是更大的灾难，还有比牺牲掉一位少女的一生的幸福更悲惨的事情吗？

你会选用哪一种方案来解决这个问题？但事实是，以上任何一种方案都无济于事，因为只要少女拒绝选择，她父亲就会被送进监狱；而她一选择，她就不得不嫁给那个放高利贷的老头儿。也就是说，这三种方案对问题的解决没有任何帮助，反而会制造出更多的问题。

但是，如果换一个角度（水平思考）来看待，便可以解决这个问题。

少女没有做以上三种选择。她很机智地将手放进了钱袋里，用手抓住一块鹅卵石，迅速拿出来扔到了地上。

高利贷商人喊道："我看到你拿的是黑的了。你必须嫁给我！"

"没有，我拿出来的是白的。"少女自信地说，"我们也不用吵了，我们看看钱袋里的那块鹅卵石是什么颜色的，就知道结果了。"

这回该轮到高利贷商人傻眼了。因为他清楚地知道钱袋里的那块鹅卵石是什么颜色。

这个故事展示了垂直思考与水平思考的不同之处。垂直思考者会把注意力集中在少女必须进行选择这件事上，而水平思考者却会开始关注钱袋里被挑剩下的那颗鹅卵石；垂直思考者会对事情进行仔细地推敲，然后找到解决方案，水平思考者却倾向于从各个不同的角度来考察同一个事件，而不是接受其中一个，然后从中推敲出某个结论来。

其实，从古代开始，就有一些智者开始运用一维思维（亦称逻辑思维、垂直思考）、二维思维（亦称平面思维、水平思考）、三维思维（亦称立体思维）等来解决问题。只是因为他们没有对其进行归纳和总结，才没有形成很好的运用方法体系。

在现实生活中，我们处处都会遇到问题，时时都将面临着各种抉择。那时，你通常会怎样做？用什么思维方式？

自行车前轮重要，还是后轮重要

在美国的地铁站里曾经发生过这样的事情：

一位沮丧的父亲带着三个孩子，上了地铁就找座位坐下了，他目光散乱，异常安静，但几个孩子却闹得不可开交，在车厢里跑来跑去。

终于，有人因为孩子们的吵闹，忍不住走到这位父亲面前，指责他说："管管你家的孩子，他们实在太没教养了！"

这位父亲抬起蒙胧的双眼，辛酸地说："实在对不起，他们的母亲在一个小时前刚刚去世，我还不知道怎么将这样的事情告诉他们……"

那位指责他的人，听到这里，无法再指责下

去，回到自己的座位上。

这个故事告诉我们：我们常常以为我们看到的就是真实的世界，实际上我们看到的只是我们眼中的世界，而且，极有可能我们只是看到了一小部分。

如果说我们的所见所闻时刻左右着我们的思维活动，那么，可以说我们的思维并不是全面的思维，只是局部世界在我们脑海中反射形成的思维。这些，只是片面的思维。

曾经，有这么一个著名的测试：心理学家让两个小组的人们看同一张照片。但在开始时，对其中一组介绍这是一张老妇人的照片，而对另外一组介绍是年轻少女的照片。最后他们让两个小组的人们在同一间屋子看这张照片，这时，之前被告知是老妇人的小组坚称这是一张老妇人的照片，而另一组的人们则反对说是年轻少女的照片。最后，当两个小组分别说出自己的看法和理解之后，大家都恍然大悟。

图 1 到底画的是什么？你能看出来吗？

图 1

关于思维我们要明白的是：大部分人只专注于自己的行为和态度。也就是说思维是经验和知识的反映，二者固然都重要，但思维是根本。比如你在北京，给你一张上海的地图，让你通过地图找到西直门在哪里，你绝对找不到，因为你的地图是错误的。

思维也是这样，很多时候，不是你做的不够，努力的不够，是因为你的思维出了错，做的越多，错的越多，你根本找不到你想找到的地方，你也根本到达不了你想要到达的地方。

就像以前培训师问学员一个问题：自行车前轮重要还是后轮重要？

很多学员回答前轮，也有一些学员回答后轮。其实，前轮后轮都重要。但是就引导骑行方向来说，前轮更重要。因为无论你怎么努力，方向错了，一切都错了。

因此，我们需要做出思维的转变，需要建立全新的观点。否则，我们就会局限在自己的世界里，故步自封。

通过多年的研究，我发现，精英阶层最核心的竞争力不是他们拥有多少金钱财富，也不是他们拥有多么高人一等的技能，唯一的区别在于，他们有一套完整且卓有成效的思维体系和思维模式。基于此，本书将花大量的篇幅，翔实地为大家解读精英思维。

零维思维：大象、斧子和井底之蛙

很多人不知道二维思维、三维思维甚至多维思维，只在零维思维、一维思维里作出选择。于是，我们经常被有限的空间和时间困住，经常被一些琐碎的事件困住，陷入困境，无法自拔。

还有很多人，认为自己没有选择，只是局限在零维思维里做出选择，结果，人生更是败得一塌糊涂。

那么，到底什么是零维思维呢？

零维思维也叫点式思维，惯于运用零维思维的人，容易将思维着眼于某个观点或某个特定的对象上面，不会由此及彼，更不会将该点与其他相关的点联系起来，个人思维具有凝固、僵化的顽症，在思想上表现出强烈的主观性与片面性。

零维思维的典型表现就是盲人摸象。

你是否还记得盲人摸象的故事?

十多个盲人去摸大象,摸到大象尾巴的说是一条绳子,摸到大象鼻子的说是一条管子,摸到大象大腿的说是一根柱子。可是,大象到底是什么?他们怎么争辩也无法还原大象的原貌。

古代部落中氏族人的思维就是这个样子——两个部族开战,一个部族将一把斧子扔到另一个部族族群前。如果另一个部族将斧子收起来,就表示屈服、投降,被并入扔斧子的部族。如果另一个部族将斧子扔回去,则表示要跟对方抗争到底。

这时,斧子的意义被固定在一个点上。没有和解,没有谈判,没有其他任何交流,一把斧子就代表了一切。远古时代的人,思维怎么会如此局限?用现在人的眼光来看,会觉得可笑,事情怎么会只有这种解决方式?

用零维思维思考的人,对任何事情都不会由此及彼地联系,只会局限在自己的思维“框框”里,固执地停留在某个点上,不求变革,不求创新。所以,古代氏族部落时期,人类文明的发展非常缓慢,几乎微小的进步都非常困难。

令人遗憾的是,即使我们已经处在信息化时代,但仍有许多人只有零维思维,对任何事情都不会由此及彼地进行联系。他们只关注自己的世界,只看到了自己想看的那个“点”,却从来看不到其他的世界,从来不会联想到其他的世界、其他的“点”会是什么样子。零维思维的人,他的世界也是零维度的。

一维思维之一：不怕试错的成功法则

在黑格尔、康德以前，几乎所有的哲学家都是全才。不管是伦理学、政治学、自然科学还是教育学，几乎通晓各类学科的知识，可以说，他们都是百科全书式的人物。

在那段时期，最伟大的莫过于苏格拉底、柏拉图和亚里士多德师徒三人。他们不仅开创了哲学派别，而且还开创了逻辑思维，让人类思想通过推导、辨证日益进化，臻于完美。

苏格拉底提出在辩论中，存在着批判性思维：为什么你这么说？你这么说表达的是什么意思？

在柏拉图的《理想国》一书中，这样记载师父苏格拉底言行：苏格拉底常常去问身边的人，你为什么会这样想？你为什么这么说？为什么你说的就是对的？

这些都是批判性思维最直接的体现，书中最典型的记录就是苏格拉底问大家什么是正义。如果人们按自己的理解来解释，他会问，为什么你说的正义是正义？如果回答者说是听某人说的，他会继续问，为什么某人说的正义就是正义？如此往复。

《理想国》还记录了一个著名的洞穴故事：

有一群囚犯在一个洞穴中，他们手脚都被捆绑，身体也无法转身，只能背对着洞口。在他们面前有一堵白墙，他们身后燃烧着一堆火。在那面白墙上，他们看到了自己以及身后到火堆之间事物的影子，由于他们看不到任何其他东西，这群囚犯以为影子就是真实的东西。最后，一个人挣脱了枷锁，并且摸索出了洞口，他第一次看到了真实的事物。他返回洞穴并试图向其他人解释，那些影子其实只是虚幻的事物，并向他们指明光明的道路。但是对于那些囚犯来说，那个人似乎比他逃出去之前更加愚蠢，并向他宣称，除了墙上的影子之外，世界上没有其他东西了。

这个故事告诉人们，所谓“形式”，其实质就是一切事物的原本面貌，但是通过我们的眼睛，我们感受到的只是经过阳光折射的事物的轮廓，而并不是事物本身。

其实，柏拉图是在向人们表达：真理存在于某处，但我们必须去努力寻找它。寻找真理的方法就是利用批判性思维来批驳不正确的观念。这一“理念论”对当下也有积极的意义：很多时候，我们确实不知道真理在何处，但我们可以通过过滤伪真理而缩小真理的寻找范围，进而明确真理的方向。

就像很多时候，我们并不知道成功在哪里，但是我们可以通过“试错”知道哪些不是成功，进而缩小到达成功的距离，这样，成功也就不远了。就如泰戈尔的一句诗中所说“当你把过错关在门外时，真理也被排斥了”。因此，我们要善于通过认识错误甚至失败来不断地调整自己。

很多人害怕犯错误，是因为他们不知道错误的价值。很多人之所以事业成功，是因为他们在不断试错中找到了正确的方向，通过努力奋斗，最终登临成功的巅峰（见图 2）。

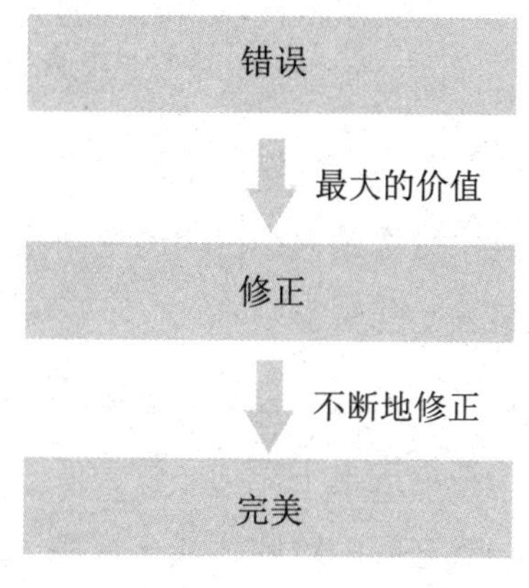

图 2

在以往企业内训的破冰环节中，我经常会问学员这样一个问题：著名诗人汪国真说过一句话“问是爱，不问是理解”，这句话是对的还是错的？

然而，很少有学员会主动回答——中国的成人就是这样，不愿意回答问题，不愿意讨论。

不过，在培训中，我会这样和学员们解释：

这句话，在我们生活的一小部分中（仅针对我们的特别私人的隐密空间）是对的。但是对于我们的广大的其他生活和工作空间来说，它是错误的。

为什么呢？

因为“问”是交流，“回答”也是交流。

中国传统文化中，人们善行的最高境界就是上善若水。这个世界上最厉害的是什么？就是水。再庞大的军队，遇到海啸也会被淹没！

《圣经》里诺亚方舟的故事，就在警示我们，无论人类怎么繁荣和强大，面对上帝惩罚时，也无法抵抗洪水带来的灭顶之灾，这就是水的强大。还有，滴水穿石，即使是一滴水，在不断地重复之后，也会有无穷强大的力量，再坚硬的石头也可以被水滴的“坚持”所击穿。中国还有一句古话：流水不腐，意思是说在密闭的空间里，不流动的水就是死水，就是臭水，就容易滋生细菌。

在培训班上，我们每一个人，都是“水滴”，聚在一起之后，就形成一个池塘。如果这个池塘的水不流动，就会成为一池死水。因此，我们要有问有答。一问一答之间，彼此才能交流和了解。这样，才对大家有益，才最健康。

当我讲完这些，学员们一般都会点头认同。

这时，我会继续问道：“我们都知道有问有答的益处。但是为什么还有许多人不问也不回答呢？”这时，有的学员会说不知道怎么回答或是还没有想好。听到这里，我通常都会微微一笑。

其实，并不是这样的。学员们为什么在我强调有问有答后还不问也不回答？是因为他们害怕，那些过去的错误是现在恐惧和害怕的来源——过去举错过手，表错过态，说错过话，做错过事，造成了现在的恐惧、害怕。

所有的错误都有巨大的价值，那就是修正。人们在不断地修正之后，往往就会达到完美。

以跳水为例，大家都看过奥运会的跳水项目，怎么形容跳水呢？用一位日本女明星的名字来形容：真由美（真优美）。但是他们的第一次跳水是什么样子呢？我猜一定是捂着眼睛，捏着鼻子跳了下去，有的甚至是被教练推下去的，这样的姿势和优美可谓是没有半点儿关系。

但是他们经过不断地训练，不断地调整，然后做得越来越好，直至完美。

这其实就是获得成功的一种方式：不要害怕犯错误。你现在不够好是因为你练习的还不够，犯的错误还不够多。你害怕失败，害怕被笑话，越是害怕失败就越失败，越是害怕被笑话就越被笑话。这也就是风靡全球的“吸引力法则”。

再比如宇宙飞船飞到月球上后，宇航员出舱只做两个动作：一是瞄准，一是不断调整。

瞄准占3%，不断调整占97%。

瞄准重要不重要？重要。因为瞄准代表了我们的计划、目标，但是比瞄准更重要的就是不断调整。

一维思维之二：范畴学与逻辑学一

在柏拉图众多学生当中，亚里士多德无疑是一个伟大的学生。在柏拉图学园刻苦学习期间，他提出了范畴学说，并在苏格拉底和柏拉图思想的基础上开创了逻辑学。范畴学说、逻辑学对人类文明的发展起到了非常重要的作用。

在古代，人类存在千差万别的想法。打个比方，什么是桌子？什么是椅子？对于这些事物的概念，都没有统一的定义。正是范畴学说清晰地定义了这些事物，统一了人们的认识，让人们的交流更加顺畅，更容易达成共识，而不是停留在以往的彼此孤立和不断的纷争中。

前文谈到零维思维时，也曾阐释过，古代氏族部落时代的人，思维往往局限于一个点上，他们的思维通常是用点来表示，不能由此及彼地联系起来（见图 3）。

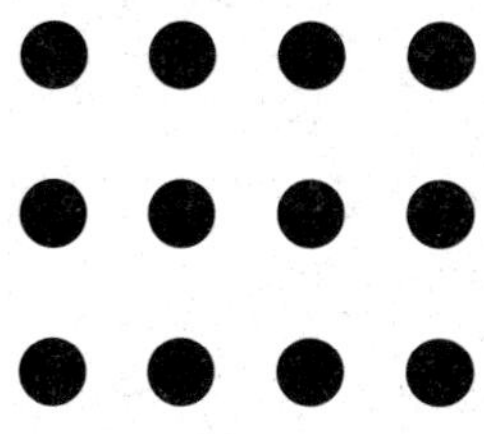

图 3

正如图中的十二个点，每个点代表一个人的想法，那就有十二个想法。这样的交流，只能带来混乱的局面。

范畴学说的出现，将这些点有机地结合、连接起来，确定了一个思维上的认知范围，人们的沟通也因此变得容易。

当我们按照顺时针方向，将上图中第一排的四个点连接起来会成为“→”，将最右边的三个点连接起来会成为“↓”，将第三排的四个点连接起来会成为“←”，将最左边的三个点连接起来会成为“↑”。然后，我们看到，这四个连接的箭头最后会形成一个长方形。这个长方形所圈定的范围就是一个范畴（见图 4）。

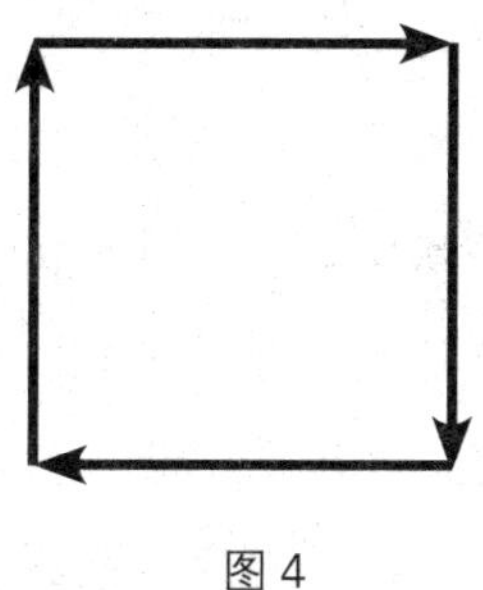

图 4

不管是桌子还是椅子，其尺寸都会有一些特定的范畴。一旦某个物品的尺寸符合这一特定范畴，我们就可以判定这一物品就是桌子。

再比如天鹅，一开始其范畴把天鹅定义为白的。所以，一提起天鹅就会联想到白天鹅，就会联想到白色。世界上有没有黑天鹅呢？有。但我们不能因为一只黑天鹅的出现就说天鹅是黑的。这是对范畴最为形象的理解。范畴，其实就是人们对事物的定义。

定义对我们解决问题非常有帮助，任何事物，如果没有定义，漫天谈论，争执不休，人与人之间会陷入沟通的泥沼，无法实现沟通成果。

亚里士多德对人类另一重大贡献，就是开创了逻辑学，这一学说主要建立在“是”与“不是”的基础上。

逻辑思维让人们明白：是否符合逻辑，是人们检验一件事情对错的标准。

谈到逻辑思维时，我经常会讲这样一个案例：

10 名海盗抢得了窖藏的 100 锭金子，并打算瓜分这些战利品。这是一群讲民主的海盗，他们习惯按下面的方式进行分配：最厉害的一名海盗提出分配方案，然后所有的海盗就此方案进行表决。如果一半或更多的海盗赞同，此方案就获得通过并据此分配战利品。否则提出方案的海盗将被扔到海里，然后又重复上述过程。

所有的海盗都乐于看到同伙被扔进海里，不过，如果让他们选择的话，他们还是宁可得到一笔现金，并且他们也不愿意自己被扔到海里。所有的海盗都是理性的，而且知道其他海盗也是理性的。此外，没有两名海盗是同等厉害的，这些海盗很自觉地按照完全由上到下的等级排好了座次，并且每个人都清楚自己和其他所有人的等级。

但这也是一伙每人都只为自己打算的海盗。并且，一旦方案确定，这些金块就不能再分。也不会出现几名海盗共有金块的情况，因为任何海盗都不相信他的同伙会遵守共享金块的安排。如果是你？你会怎么分？

我经常出这道题考学员，但极少有人能答出来。后来我发现，大家之所以答不出来，是因为对逻辑思维的运用还不太熟练，或者说运用逻辑思维的技巧还不到位。

运用逻辑思维，我们的确可以一步步推导出方案。可是，你有没有想过，我们也可以倒着推导，这就是逻辑思维的“逆向思维法”。

一看到10名海盗，我们不妨设想一下：如果是一名海盗怎么分呢？

如果是1名海盗，他一定是自己得100锭金子。

如果是2名海盗，第一个提出分配方案的海盗也一定是自己得100锭金子，给第二个海盗0锭金子，因为他自己的投票就占50%。

如果是3名海盗，第一个提出分配方案的海盗只需拉到一名海盗支持他的分配方案就行，他会想到谁呢？事实是无论他给第二个提分配方案的海盗多少锭金子，对方都不会答应。因为只要他死了，第二名海盗自己一定可以得100锭金子。

因此，他只能想办法让第三个提分配方案的海盗支持自己。如果自己死了，第三个提分配方案的海盗可能一锭金子都不会有。如果自己给第三个提分配方案的海盗哪怕一锭金子，第三个提分配方案的海盗也一定会支持自己的。再加上自己的一票，那么自己的方案就会得到66.7%的支持，自己也能活下来。最后分宝方案就是这样的：他给自己留99锭金子，给第二个提分配方案的海盗 0 锭金子，给第三个提分配方案的海盗 1 锭金子。

同样地，如果是 4 名海盗，第一个提出分配方案的海盗只要能得到 50% 的支持就可以。他自己一票，再拉一名海盗支持自己就可以。他只需要梳理清楚：如果他死了，由第二个提分配方案的海盗提出分配方案时，第三个提分配方案的海盗什么也得不到，他要做的就是赢得第三个提分配方案的海盗支持。所以他的分配方案是：自己拿 99 锭金子，给第二个提分配方案的海盗 0 锭金子，给第三个提分配方案的海盗 1 锭金子，给第四个提分配方案的海盗 0 锭金子。

如果是 5 名海盗呢？会有什么不一样呢？

同样，他自己一票，他至少还需要两名海盗支持，方案才能通过。这时候，如果他死了，第二个提分配方案的海盗将会提出分配方案，第三个和第五个提分配方案的海盗什么都得不到。因此，他的分配方案是：自己拿 98 块金子，给第二个提分配方案的 0 锭金子，给第三个提分配方案的海盗 1 锭金子，给第四个提分配方案的海盗 0 锭金子，给第五个提分配方案的海盗 1 锭金子。

将上面的五种分配方案总结之后，如下表所示。

分宝数量 / 海盗数量	第 1 名提出方案的海盗	第 2 名提出方案的海盗	第 3 名提出方案的海盗	第 4 名提出方案的海盗	第 5 名提出方案的海盗
1 名海盗	100				
2 名海盗	100	0			
3 名海盗	99	0	1		
4 名海盗	99	0	1	0	
5 名海盗	98	0	1	0	1

从上表中，由此类推，10 名海盗的分配方案一定是：96、0、1、0、1、0、1、0、1、0。

这就是逻辑思维的倒推法——逆向思维法。在《高效能人士的七个习惯》一书里，第二个习惯——以终为始，其实质就是逆向思维法。它能为我们解决很多看似复杂的问题。

不管是在工作还是生活中，很多人都习惯于走一步看一步，习惯于从当下的现状（眼见为实）去设定自己的未来。真正的成功者一般都是心“见”为实的人，愿意用心去创造这个世界。他们会先在心里描绘出未来的样子，然后像拼图一样，用实际行动一步步拼出未来的样子。

我在大学讲课时经常问学生：“什么是梦想？什么是目标？”

学生们会回答：“我的梦想就是考研，我的梦想就是找工作。”这样的回答其实是在恶意地贬低梦想，无知地扩大目标。其实，这些学生回答的只是他们人生的阶段性目标或者是短期规划。

梦想，是比这些更大的心念。所以，谈梦想之前，首先要清楚什么是目标。

梦想，是你用二十年，甚至一生去完成的一件事情。它能告诉你你为什么活，你活着的使命和价值是什么。梦想是不变的，人可以有一个梦想，也可以有多个梦想。

目标有每天目标，每月目标，每年目标，是可以不断变化的。当目标从属于梦想时，目标才有意义。

“以终为始”习惯里提到一个思维工具——目标金字塔，它实际上就是一个典型的逆向思维工具。使用目标金字塔的大致流程如下：

首先，定出 20 年的终极目标（也可以称之为梦想），就像国家在宪法的指导下才能合理运作一样，终极目标就是我们自己的哲学和宪章（也可以叫个人宪法）。

然后，根据终极目标（宪法）再定出15年的长期目标、10年的中长期目标、5～8年的中期目标、3年的短期目标、1年的近期目标……

按照这样的规划，我们就可以一步步实现我们的终极目标（梦想）。

其实，这就像犁地需要工具一样，铁锹和犁哪个好？当然是犁。但和耕地机比呢？当然是耕地机。人生也是这样！要想成就非凡的人生，就要非凡的思维工具！

——维思维之三：只要你专业，别人就会离不开你——

我们在运用逻辑思维时，也会遇到一些问题。比如：从 1 能推导出 2；从 2 能推导出 3；但是，从 3 却推导不出 4、5、6、7、8、9……

这时，我们又该怎么办？

在小学时我们就曾学过：当无路可走时，重新再来。找到新的方法，重新开始推导。

但是，当我们再次按照逻辑思维推导，又出现上述情况，又该怎么办？继续重新推导？就这样，我们一次又一次不断地从头再来，最后陷入一个可怕的局面——归零思维。

曾经，作为一家培训公司的首席顾问，在公司新员工招聘时，我发现有的应聘者刚开始介绍就说自己有多年的工作经验，一定能胜任这份工作，还大言不惭地抢着要做经理、总监，因为自己之前就是担任这个职位。

还有很多四五十岁的应聘者，谈到工作经验，他们就会说自己做过这个、做过那个，尽管从事每个工作的时间都不长，但是接触的行业却不计其数，可谓是经验丰富。但是，他们没有看到的是，不管之前做过多少工作，换过多少行业，一旦再找工作，就必须重新开始，之前的经验有多少，跟新工作的行业没有一点关系。很多人工作了一辈子，往往只能做点基础的工作，甚至连基础的工作都做不了，就是这个原因。

有句俗话：隔行如隔山。一个人再有经验，如果不能将这些经验用到新的工作中，经验将毫无用处。

现在有很多年轻人就是这样，听说某个行业好，能挣钱，就立马去做。但是做了几年之后，发现没有挣到钱，就说自己被骗了，埋怨行业不景气，马不停蹄地进入到另一个行业，即使这一前一后的两个行业之间没有半点联系，甚至可以说是天壤之别！于是，这类人只剩下四处碰壁。

我经常会这样告诫学员们："你可以换工作，但不要换行业。工作换了，始终还在这个行业，时间长了，你必然会成为经理、高级职业经理人，甚至成为总经理。因为你还在同一个行业，无论你到行业中的哪个企业工作，你所积累的经验都是有用处的。但是一换行业，你就得从头再来。"

的确，人的一生不过百年，真正工作的时间也就三四十年而已，能有几次重来的机会？如果每一个人都能早一点明白这个道理，无论做哪个行业，他都将出类拔萃。

商业中人们常说的"人无我有，人有我先，人先我精，人精我专"，其实也是一个典型的合理运用逻辑思维的案例。

别人没有的，你有，这是无中生有的优势；别人有的，你先有，这是捷足先登的优势；别人先有的，但是你比他更精，这是业精于勤的优势；别人对这个专业很精，但你是专业泰斗，那你更是让人信服！

这个道理，对于任何行业都是相通的。这就好比那个经典的“非洲卖鞋”故事：

一个销售员去非洲卖鞋，一看到非洲没有人穿鞋，就心灰意懒地跟公司汇报这个市场根本没法做，要求被调回公司总部，之后没多长时间就离职了。不同的是，另一个销售员也被派到了非洲卖鞋，一看到非洲人没有人穿鞋，立即兴高彩烈地要求公司总部，有多少货发多少货过来，因为在他看来，这个市场太大了。

正如案例中的两个销售员一样，即使是领先一步进入某个行业，也不一定能获得成功。成功的关键是，别人精通的，你是否更专业。

日常生活中，我们选购电脑时，也是如此。在电脑处理器的选择上，如果是配备英特尔处理器的——“好，买了”，因为意味着专业；如果不是，我们可能连看都不愿意看。这就是专业的力量。

做任何事情，都要专业。只要你专业，人家就会离不开你。任何一个行业，成功的重点不在于我们进入时间的早晚，而在于我们愿不愿意精进，愿不愿意学习。愿不愿意学习的结果，如果用一句俗语来说，就是“长江后浪推前浪，前浪死在沙滩上”。

一维思维之四：死点

我们都知道，两点之间线段最短。惯于逻辑思维的人，就正如两边有端点的线段。但是，每一个人的人生，都不可能一帆风顺地从这一端点到达另一端点，在这一过程会出现很多各种各样的阻碍点，这就是逻辑思维的死点。

如图 5 所示，A 点代表生（梦想设定），B 点代表死（梦想实现），C 点代表阻碍点，也可以称之为死点。

有一次和两位在机关单位工作的同学吃饭，一个同学问我是否还像大学那样富有激情和理想？我立刻告诉他们我当时正在为之拼搏的梦想（现在也还在拼搏的路上）——“我想改变中国的职业教育模式！”当时，他们惊讶的表情令我十分吃惊，因为从那幅表情中我看到了自己梦想火花的熄灭。为什么会这样？

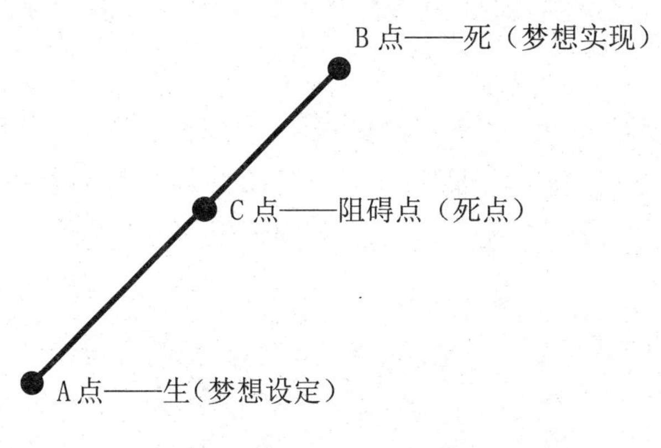

图 5

就如图 5 所示，因为有个 C 点将人生的 A 点到 B 点的这条线堵死了，他们不相信有实现梦想这回事。对他们来说，理想归理想，现实归现实，根本不在一条线上。

每个人小时候都有梦想，比如科学家、校长、教育家、省长、市长、大企业老总、开汽车、开轮船、开宇宙飞船……

在小学课堂上，老师提出一个问题，学生们站起来抢着举手回答；再来看看大学课堂，情况截然相反，老师问个问题，学生们都看着老师，就是没有人举手回答，他们更喜欢听别人讲。也许，人的年龄越大，好像越没有激情，跟他们一谈起梦想、理想，得到的反应只是冷淡和不屑。

还有些想进机关单位的人，因为参加了两次公务员考试都没有考上，就开始绝望，并且觉得一辈子也实现不了这个梦想，这种人是典型的“一根筋”，受困于其人生的死点而无法走出来。

多少人小时候积极乐观，长大了反倒意志消沉，自暴自弃，这些现象不就是因为有这样一个死点将自己堵死了吗？

逻辑思维是线性的。既然是线性的，就难免会出现针尖对麦芒的情况。

如图 6 所示，假设你是 A 思维，对方是 B 思维，你们之间的矛盾就如图 6 的箭头一样，最终因为两个人争执不下，形成对抗，在 C 点不断博弈，这个 C 点就是对抗点、矛盾点。

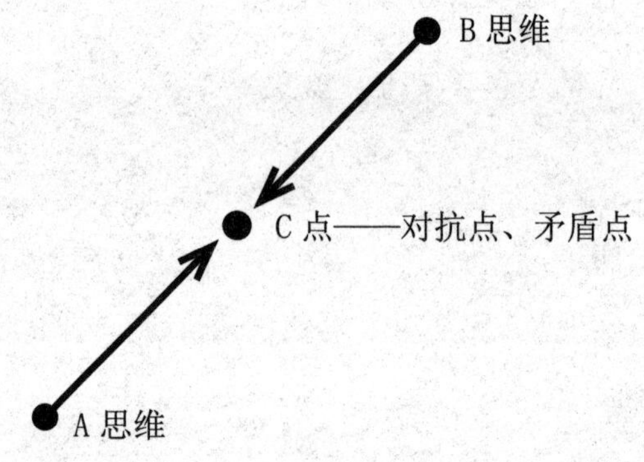

图 6

我曾自创了一个体验式即时对抗游戏——亚特兰蒂斯。这个游戏的名称借用了消失的大陆“亚特兰蒂斯”的名字，并且，在游戏脚本上，也参考了美国著名的大片《星际之门》的续集《亚特兰蒂斯》——电影讲的是地球人寻找古人的文明，找寻消失的大陆的故事。

亚特兰蒂斯其实是一艘古人的宇宙战舰，这艘战舰位于距离地球几千万光年的星系中，这个星系中不仅有许多有生命的星球，还有一个强大的掠食者——专吸人类生命力的幽灵人，地球人的到来惊醒幽灵人，也开始了一场地球人和幽灵人的战争。

在这个即时对战的体验式游戏里，所有玩家都玩得不亦乐乎，但都忘了游戏的意义。这个游戏在设定上，主要是模拟一维思维下的行业环境——就像同行间的竞争，行业的优势资源有限，谁先占有谁就能活下去，就能发展好；谁错过了，就失去了一切。

我在培训的分享中经常强调，当下不是大鱼吃小鱼、强鱼吃弱鱼的时代，而是快鱼吃慢鱼的时代。虽然这“教育”了很多学员，让他们很有感触，但这只是一维思维模式下解决问题的方式，也是最差的问题解决方式。在这样的思维模式下，人们之间只有争执，根本没有和解的可能。

现实中，每个人都在强调自己是对的，但到底什么是对的？人类就是在这样的矛盾、困惑中不断冲突，激化矛盾，最后陷在矛盾中无法自拔。当我们都在强调自己对、他人错的时候，我们已经没有和解的可能了。处在这种思维怪圈中的人，一直在制造矛盾，而不是解决矛盾。

其实，无论什么想法都有其合理的一面，只是每个人的看法不同而已。

设想一下，如果我站在两群人中间，伸出我的手掌，手心面向左边人群。这时问大家，你们看到的是手心还是手背，左边的人会说我看到的是手心，右边的人会说我看到的是手背。

然后我会问，你们到底谁说得对？

其实，左边的人说的是对的，他们确实看到的是手心；但是，右边的人说的也是对的，他们确实看到的是手背。两群人都是对的，没有错，但是日常生活中，大家都会忽略这一点，谁对谁错争执得没完没了。

如果我们换个角度，左边的人和右边的人不动，但我的手掌换一种伸出去的方式，让他们同时看到我的手心，他们会怎么说？

他们看到的都会是手心。

其实，事情不分对错，只是看法不同。记得中学时看过一篇美国获奖的科幻小说。小说大概内容是这样：一艘地球人的战舰到了一个未知的星系。经探索发现这个未知的星系有智慧生命，地球人便去拜访了。当他们到达这个星系中一个有智慧生命的星球，准备降落时，发现一群猪在追杀一群人，看着那群人非常可怜，地球人便杀了一些猪，救了那群人。当地球人与救下的人谈话时，才发现，他们智商极低，不会说话。一只躺在地上受重伤的猪虚弱地说道："为什么要杀我们？"

这时，轮到地球人吃惊了，当猪军队来时，他们差一点发生了一场星际战争。后来，地球人经过了解才知道，这颗星球的智慧生命就是猪，人是猪的粮食，就像在地球上猪是人的粮食一样。对同一件事情的不同看法，让地球人差点酿出大祸！

现实中的很多人，不正是因为不同的看法争论不休、吵得不可开交吗？

二维思维之一：打破思维定式

二维思维是精英的新进阶，向前迈一步，海阔天空。

二维思维又叫平面思维、水平思维、横向思维，即打破思维定式，通过转换思维角度和方向，或者扩大思维格局，来重新构建概念的思考模式。它是由纵横两维进行扩张而形成的思维。养成这种思维习惯的人，喜欢进行横向的平面比较，这样可以横向扩大视野。平面宽于直线，因而优于一维思维。拿正方形举例来说（见图 7）。

这个正方形的左下角是 A 点，右上角是 B 点。A 是梦想设定，B 是梦想实现，由 A 到 B 是一条对角线。假设这条对角线就是我们谈到一维思维的那条线的话，你会发现，即使这条线出现C点（死点），将这条线堵住的话，你还可以通过上下的边线达到B点，甚至你可以在正方形内通过一个弧线到达B点（见图8）。这种二维世界的曲线思维，对解决问题非常重要。

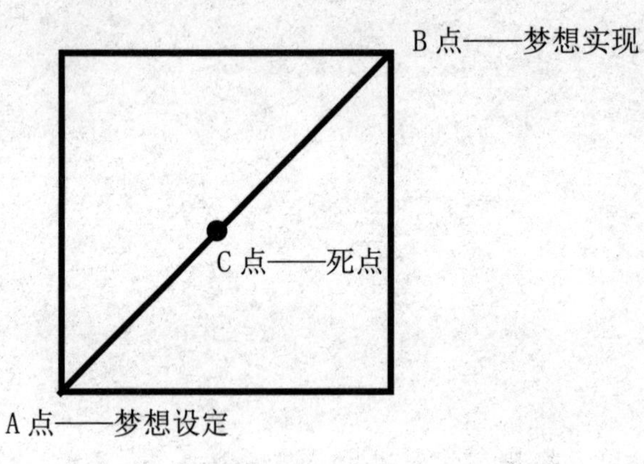

图7

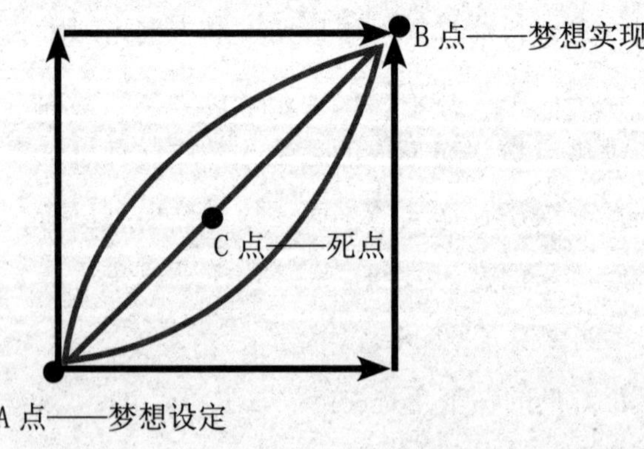

图8

曾经有个成绩不好的学生，想放弃高中学业，为了帮助他，我与他进行了一番对话：

——你有女朋友吗?

——有。

——你女朋友漂亮吗?

——当然漂亮。

——有人追她吗?

——有，不过我很优秀啊!

——那你女朋友考大学吗?

——考啊，她要考省城的一所大学。

——你不去啊?

——我又不考大学，我去干吗?

——你知道大学是什么样子吗?

——我知道那个干吗？我又不上大学！

——好吧。那我告诉你，大学与高中不一样。学生相对来说比较自由，你猜他们天天忙什么?

——忙什么呢?

——忙谈恋爱啊。你女朋友这么漂亮，一定有很多人喜欢，到时候有很多人追她，你信不信她会成为别人的女朋友?

——那怎么办啊？（这位学生有些着急了）

——即便你考不上那所重点大学，你可以报考附近的普通大学或是专科也行啊，你不就可以经常和她在一起了吗?

——可是我学习成绩不行啊。

——现在，上大学不难。只要能坚持到高考，有一定的高考成绩，一定会有学校录取你的。还有，你可以现在补习，慢慢提高学习成绩。

——好，我马上让家里给我找补课老师，我得看好她……

这是我帮助的一个学生的实例，这个学生后来考上了大学。到现在我都还记得他走出我的办公室跟父母说要找补课老师学习时，他父母心花怒放的笑容。他们开心极了，似乎等待这一天等待好久了，但又不敢相信眼前的事情，像在梦里一样，他母亲连连追问我是怎么聊的，用的什么方法。我当时也不方便说，只是笑着回应他们的谢意，让他们回去赶快给孩子请个补习老师，别再耽误了孩子。

我们再以五角星为例（见图 9）。假设一个大的五角星，左下角为 A 点（梦想设定），右上角为 B 点（梦想实现）。那么从 A 点到 B 点，可以曲线迂回，经过右下角的 C 点和最上角的 D 点到达 B 点。

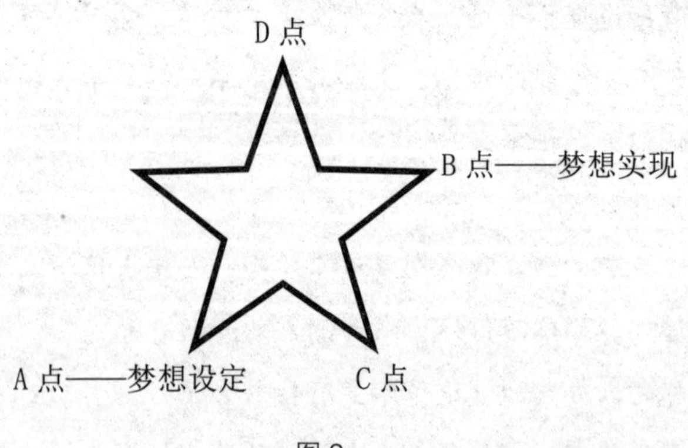

图 9

其实，凡事都会遇到问题，既然这个点已经被堵死了，为什么我们不绕过去呢？也许大学之后这位学生会和女朋友分手，但他总归是上了大学。

精英，也需要这种能力！

比如找人合作，有些人真的不能一起合作。一件好事，遇到错的人，好事变坏事；一件坏事，遇到对的人，坏事也会变成好事。有些人有好想法，好项目，但为什么实现不了，做不好？根本原因是在人身上！人对了，世界就对了。这种思维能力，你有吗？如果有的话，你就很容易找对人，做对事。

但凡有点成就的人都会有一定的眼力，什么人能成功，什么人不能成功，一目了然。甚至什么人暂时能成功，但却不能长久成功，也是一目了然！这就是初具二维思维能力的表现。

然而，很多人却没有这种能力，只是和狐朋狗友在一起，同样是一天天过日子，他们却没有过得更好，反而是更差；他们只知道和消极、随意发脾气的人交往，即使有些正能量，久而久之也变成负能量了！所以，看人、交人真的很重要。善于看人、交人的精英，总是选择和正能量的人在一起，所以能够汇集更多的正能量。

运用对抗性思维根本无助于解决问题，用这种思维模式为人处世的人，不相信会存在共赢。他们只会想到自己，所有一切都是以自己的利益为出发点（见图10）。

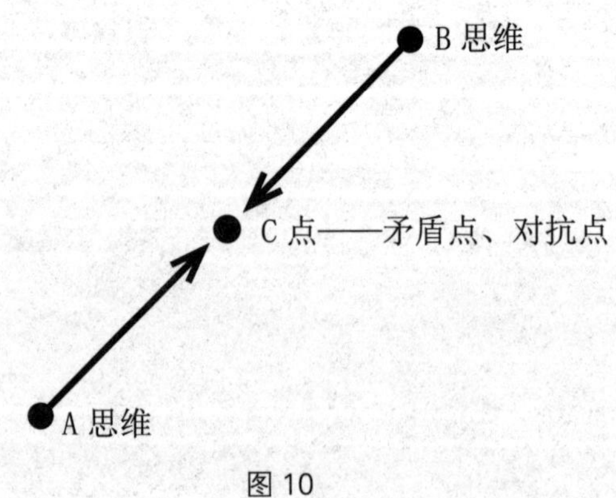

图 10

但是，如果我们换一种思维模式，会怎么样（见图 11）？

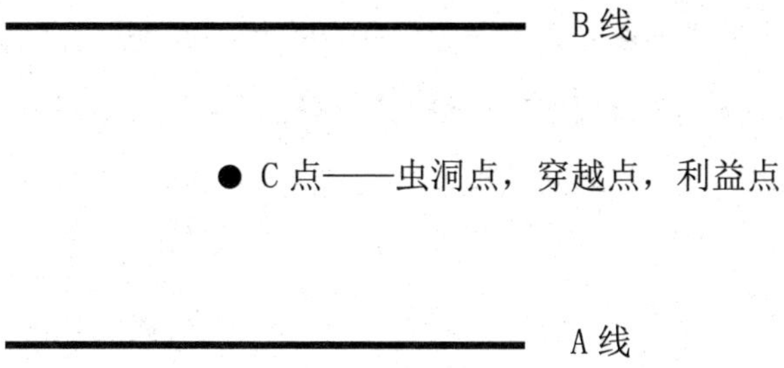

B 线

● C 点——虫洞点，穿越点，利益点

A 线

图 11

我们都听说过物理学上的虫洞理论。虫洞究竟是什么？抛开深奥的科学理论，我们可以这样生动形象地理解：如果我们把宇宙空间比作苹果的表面，那么，从苹果的一侧走到另外一侧，按照常规的方法，至少需要绕过半个苹果的周长。倘若，这时候有一只虫子，在苹果上面咬个洞，从这一侧到另一侧的距离则将极大地缩减。这个捷径就是“虫洞”。

宇宙空间是有维度的，在多维空间中，有没有这样一个点，它可以缩短宇宙的距离，让我们可以更快更便捷地达到某个地方？

在目前的理论中，我们所知道的是，两点之间，一定是线段最短。但在“新世界”中，一定有比线段更短的。它就是某个虫洞点。它一直就在那里，关键就在于，你是否知道并且能够找到并运用它去发挥作用。

虫洞点虽然看不见、摸不着，但可以悟。

古人立于天地之间，并没有像我们这样进行过思维上的学习和锻炼，也不知道一维世界、二维世界、三维世界，但是他们解决问题的一些方式和方法，却令今人也叹为观止。

为什么他们能做到？就是因为悟——也可以叫思维跳跃。从A线跳跃到B线，从A思维跳跃到B思维，从你的思维跳跃到对方的思维，你和对方就可以在同一种思维下考虑问题，然后并存发展。从你的利益跳跃到对方的利益，你和对方就可以在同一种利益下考虑问题，然后利益共存。或者，找一个共同的思维点，兼顾两种思维，兼顾两种利益，这就是共赢。

在我的培训课堂上，我经常会组织一个叫"看我们能赢多少就赢多少"的赌球游戏，游戏很简单，如果是8支队伍参加，规则如下表所示。

英国	巴西
1支队伍赢700分	7支队伍输100分
2支队伍赢600分	6支队伍输200分
3支队伍赢500分	5支队伍输300分
4支队伍赢400分	4支队伍输400分
5支队伍赢300分	3支队伍输500分
6支队伍赢200分	2支队伍输600分
7支队伍赢100分	1支队伍输700分
8支队伍输100分	8支队伍赢100分

假设只有两个国家让你选，你可以选英国赢，你可以选巴西赢。当然，实际上英国和巴西并没有一起比赛，所以，赢输结果与英国和巴西没有关系，但是，与所有参赛队的选择是有关系的。

如果1支队伍选英国赢，另外7支选巴西赢的话，选英国的这支队伍会赢700分，选巴西的7支队伍会各输100分。

如果2支队伍选英国赢，另外6支选巴西赢的话，选英国的这2支队伍会各赢600分，选巴西的6支队伍会各输200分。

如果3支队伍选英国赢，另外5支选巴西赢的话，选英国的这3支队伍会各赢500分，选巴西的5支队伍会各输300分。

以此类推……

但是当7支队伍选英国赢，1支队伍选巴西赢的话，选英国赢的7支队伍各赢100分，选巴西赢的1支队伍要输700分。

如果8支队伍都选英国赢，8支队伍各输100分。

如果8支队伍都选巴西赢，那么这8支队伍各赢100分。

各支队伍每人收10元钱作为赌资，10元对应100分，也就是说如果输100分，相当于输10元，输1000分相当于输100元。

游戏由我开始，两轮后，允许每支队伍派代表出去商量一下，时间一般是1分钟，在1分钟内他们通过沟通作出对大家有利的决定，然后，再回来投票。

你知道投票的最后结果是什么吗？总是少数人赢，大多数人输；或者是多数人赢，少数人输，也就是说多数人宁可背信弃义也不愿意相信对方。这就是我们在一维思维、逻辑思维下造成的困局。

该怎么解决呢？就像两个小孩子在打架，如果我们站在大人的高度，可以评评理，甚至有时会觉得打架这件事根本都不值一提。可是我们自己有多少人在孩提时期，就能明白这个道理？因为在一维思维的境界，是解决不了这个问题的。我们需要的是二维思维的境界和能力，只有这样，才能解决这个问题。

一般情况下，人们看事情多持二分法：非强即弱，非胜即败。其实，世界如此之大，人人都有足够的立足空间，他人之得不必视为自己之失。

可是，一维思维的人就如同置身孤岛，对于他们来说，岛就那么大，自己要活好，就要与他人争夺资源，争取主导地位。让这些“孤岛思维”的人解决问题，无异于天方夜谭。局限性的思维给这个世界带来的不是秩序，而是争抢、混乱。

二维思维的出现告诉我们：我们并不是一座“孤岛”，要有富足的心态，相信世间有足够的资源，人人得以分享。

简单地说，人际交往有六种思维：

第一种，损人利己（赢输）；

第二种，损己利人（输赢）；

第三种，两败俱伤（输输）；

第四种，独善其身（独赢）；

第五种，好聚好散（无交易）；

第六种，利人利己（赢赢）。

回想一下，你觉得你经常处在哪种思维中呢？

一维思维的人，经常纠结、郁闷，痛苦在于陷入前四种思维当中。

损人利己的人经常见，这种人的思维模式就是我不一定赢，但你一定要输，你的利益损失就是我的赢利点。比如一度受社会谴责的地沟油、毒奶粉事件，就是典型的损人利己思维造成的。

很多人在创业时，都想找合伙人。然而，如果你找一个损人利己的人，一同通过损害他人的利益来为公司盈利，虽然可以赚得盆满钵满。但是你有没有想过，天理循环，因果必报。

两千多年前，孔子就说过：“言悖而出者，亦悖而入。货悖而入者，亦悖而出。”意思是说用违背情理的话去责备别人，别人也会用违背情理的话来回报你；用违背情理的手法得到的财物，也会不合情理地失去。

我们再回到上面那个游戏，几乎每次玩赌球游戏都有人选择巴西。选巴西的人是看不懂游戏规则吗？不，都看懂了。只是他们在试图让其他人明白，大家可以一起双赢。

损己利人是一种伟大的利他精神，但是这种利他要分对象，对善要利他，让他的善得以发扬；对恶，却不能利他，否则恶的盛行带来的将是毁灭。没有规则，利他只是空谈。

中国古人很早就明白了这个世界的天道：阴阳、太极。在太极的圆中，阴阳是平衡的，一旦失去平衡，就会出现问题。

正如善没有人去张扬，恶就会蔓延；恶没有人抑制，善就会退却。真到了善都没有的那天，那也就是人性、生命毁灭的时刻。

很多企业在发展过程中，一味地迁就员工的恶习，结果不良习气越来越重，倒闭是迟早的事。孔子说："故天之生物，必因其材而笃焉。故栽者培之，倾者覆之。"意思是天下的生命，上天一定会因为他的材质、才能而定出命数。因此，可以栽培的必然精心栽培，应该灭亡的必然让他灭亡。其实，企业及其员工的发展也应如此，优胜劣汰，适者生存。

两败俱伤的思维就是我绝不能输，即使我输，对方也好不到哪去（也是输），拼死也要拉着对方一起死。这种两败俱伤的事例比比皆是，比如某些行业，企业不创新、不变化，服务不升级，却拼命降价，甚至赔钱去搞不良竞争，总想保住行业老大，抢占领先地位，结果，谁都没有活下来，在激烈的价格战中死掉了。

要知道，两败俱伤是没有赢家的。但是，拥有这种丑恶的赌徒心理的人并不少见。

战国时，有一个很聪明、讲话幽默的人，名叫淳于，他得知齐宣王正要准备去攻打魏国。去晋见齐宣王时说：“大王，您听说过韩子卢和东郭逡的故事吗？韩子卢是天底下最棒的猎犬，东郭逡是世界上最有名的狡兔。有一天，韩子卢在追赶东郭逡，它们一只在前面拼命地逃，一只在后面拼命地追，结果它们因为跑到精疲力竭、动弹不得而累倒在山脚下死了。这时，正好有个农夫经过，便毫不费力地把它们带回家煮了吃掉。”齐宣王一听：“这跟我要去攻打魏国有什么关系呀？”淳于回答道：“大王，现在齐国发兵去攻打魏国，不是短期之内就可以获得胜利的，两国长期交战，到头来，双方都弄得民穷财尽，两败俱伤，不但老百姓吃苦，国家的兵力也会大受损耗，万一秦国和楚国趁机来攻打我们，那不是拱手送给他们机会，让其一并吞掉齐国和魏国吗？”齐宣王听了淳于的话，觉得很有道理，就停止了攻打魏国的计划。

然而，我们身边有叫“淳于”的智者时刻提醒我们，不要做两败俱伤的傻事吗？

孔子说：“见贤而不能举，举而不能先，命也。见不善而不能退，退而不能远，过也。”意思是见到贤能的人却无力去扶持他，扶持他时却已错过了其发挥才能的最佳时机，这是轻慢。看到邪辟小人却不能辞退他，就算辞退他却不能远离他，这是过错。

独善其身、独赢的思维其实就是“霸盘”主义。《乔家大院》里乔致庸的哥哥就是因为争霸盘，结果输得倾家荡产！纵观世界历史，不论是时间还是历史都已证明：没有人可以独赢！现在很多富人喜欢炫富，不做公益。他们以为自己活好了就可以了。可是这个世界富人是少数，当绝大多数人生活不如意时，谁来保护富人的利益？

再说好聚好散，这是一种无交易的思维。你发现影响不了对方，对方不诚信，与其对牛弹琴，不如选择好聚好散。正如孔子所说：“见不善而不能退，退而不能远，过也！”的确，当我们发现对方不可理喻，无法沟通，那就赶快离开，越远越好。否则，自己也会跟着遭殃。

最后，是双赢思维。到底什么是双赢？

双赢是一种极其重要的、正能量的品格。

双赢心态的人一定不是自己赢，而是与他人共同赢，在这方面，他们看重的一定不是自己的利益，而是大家和全社会共同的利益。

双赢思维的人一定有这样的品格：

正直——正直的人忠实于自己的感受、价值观及承诺。

成熟——成熟的人有勇气去表达自己的想法及感受，用体谅的心态看待他人的想法及感受。

富足心态——有富足心态的人相信世间有足够的资源，人人得以分享。

精英一定要有这样的心态和品格。国外的研究学者曾做过这样的研究对比，如果将人的成就归于品格、知识和技巧的话，它们所占比重将会如何，结果发现，知识和技巧只占区区20%，而品格在人的成就中占80%。

国家科技最高奖获得者吴良镛院士在一次报告中从理想与立志、人生选择、人生坚持、人生顿悟等方面对他的世界观、价值观进行了阐述，最让人们敬佩的是，92岁的吴老不仅自己拟定题目，而且坚持站着讲完35分钟的演讲。他一生的成就，除了科学贡献与科学成果，还有这些朴实的品格，它们如基石一般，没有这些基石就没有吴良镛院士辉煌人生的“高楼大厦”。

二维思维之三：脑图

运用二维思维时，也需要借助一些思维工具，接下来主要介绍一下常用的二维思维工具——脑图、头脑风暴和六顶思考帽。

第一个思维工具是脑图。这是托尼·巴赞先生发明的思维工具。

英国大脑基金会总裁，世界著名心理学家、教育学家托尼·巴赞，1942年出生于英国伦敦。因为曾帮助查尔斯王子提高记忆力，他被誉为英国的“记忆力之父”。

脑图这一思维工具的运用方法非常简单，就像德国作家、欧洲最著名的时间管理和生活管理专家洛塔尔·赛韦特在《时间管理》中所写的那样：“把中心议题画在或者写在一张白纸上，然后收集一些与之相关的关键词，最后把它们同中心议题连起来。而这些关键词又可以派生出其他的分支，循环往复地继续下去。重要的是，要使用不同的颜色，自由地产生联想。它反映了你的愿望与诉求，反映了你所要做的事情、可能存在的问题以及解决问题的方法。通常来说，一幅大脑图无休无止，永无尽头。”

脑图首先要有一个核心词汇，然后通过这个核心词汇展开联想，想出一级词汇，由一级词汇再往下联想，会有二级词汇，再由二级词汇往下联想，会有三级词汇……然后由文字和图形编织出一幅全新的图形。

脑图对大脑的锻炼非常重要。我在给大学生做精英培训的时候，脑图是必讲的课程。尤其讲超级记忆力时，必须先讲脑图，因为最好的记忆方法几乎都是在脑图基础上记忆的，比如锁链法、联想法等。作为培训师，我自己也利用脑图记忆了很多知识，解决了很多问题。

科学家研究发现，即使是人类最杰出的天才，也只用了不到 4% 的脑力。而普通人的大脑仅仅用到 2%。如果一个人大脑的运用哪怕能够提升 1%，与常人相比，他所创造的成就将不同凡响。

另一个科学研究项目指出，人类在大脑的运用上，对左右脑运用是有区别的。左脑管的是逻辑思维，右脑管的是形象思维。可是我们大多数人只会单纯地用左脑或用右脑，很少将它们同时使用。试想一下，如果每一个人都能够左右脑同时运用，人类将会有怎样的进步和收获？

脑图，就是帮助人们同时运用左右脑的一种二维思维工具，并且也十分简单有效。其优点大致如下：

（1）非常直观，它是由一些有组织、有条理、富有建设性的关键词组成的。这种全面的方法使语言和形象思维互相配合，从而促进左右脑进行创造性工作。

（2）可以帮助我们快捷、明了地做笔记，有目的地进行思考，发现点子，解决问题。

（3）当我们将想法自发地、形象地写在纸上时，便于左右脑同时运用，从而发挥我们的聪明才智。

（4）左侧大脑半球负责结构、数字以及概念等，而右侧大脑半球则分管思维。两个大脑半球协调工作，会产生异乎寻常的功效。

我在创新思维课上讲脑图时，经常会给学员们出两个难题：

（1）把冰箱卖给爱斯基摩人；

（2）把尿布卖给未婚青年。

你知道学员们是怎么做的吗？他们一开始都觉得这样的事情根本不可能完成！但是当他们画完脑图之后，发现自己竟然会联想到很多方法，最终将不可能的事情变为可能。

脑图参照了人的大脑神经元的结构，如图 12 所示。

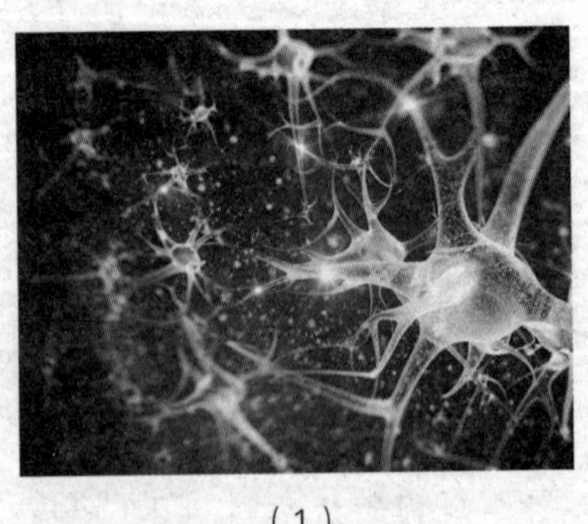

（1）

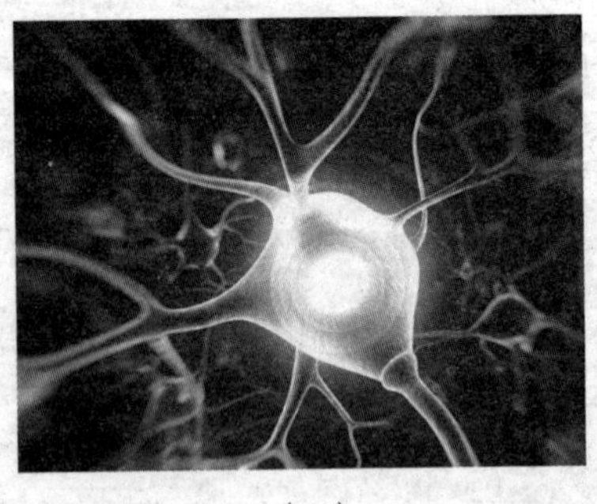

（2）

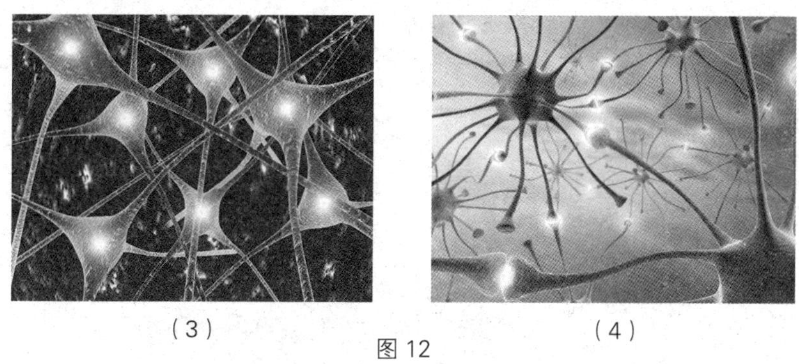

（3）　　　　（4）

图 12

脑图可以帮助我们记忆，比如给你一些词：热带的、带尖的、橘子、鸡尾酒、樱桃、开花、果核、樱桃园、香蕉、菠萝、黄色、加勒比海、钾、苹果、医生、走开、夏娃、馅饼、果汁、柑橘类、维生素 C……一般情况下，你十秒能记住吗？不一定！但是，如果运用脑图，你完全可以（见图 13）。

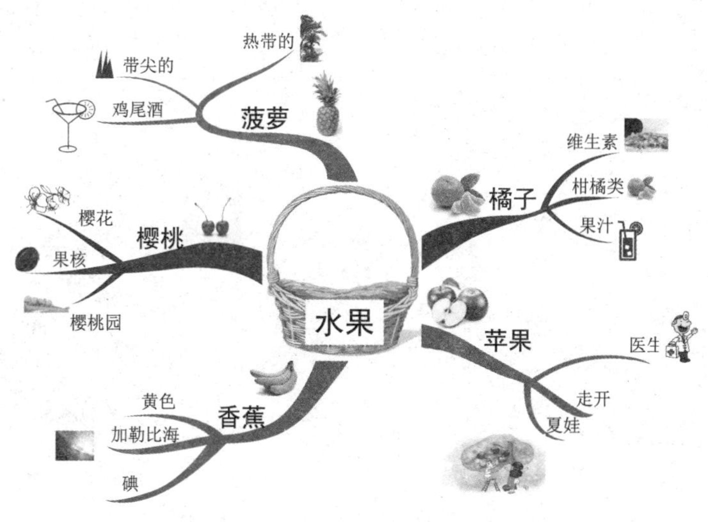

图 13

运用脑图记笔记也有不少的优势，如图 14 所示。

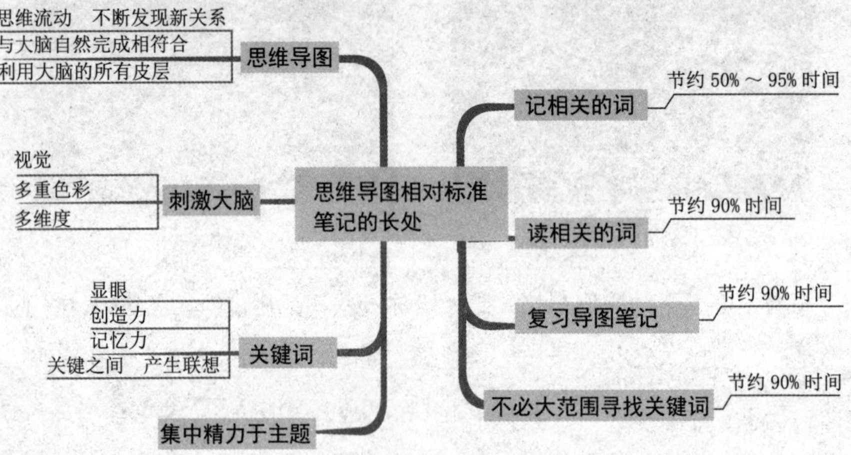

图 14

二维思维之四：头脑风暴

头脑风暴法也叫大脑震荡法，这一方法源于埃勒克斯·奥斯波智囊团的任务而产生。

头脑风暴是以小组为单位解决问题的活动，它广泛运用于创造性思维活动之中，通常需要许多人在一起通过大脑对一种思想或问题进行振荡。其目的是找出可能存在的、新奇的思想或解决方法。

在学校通过头脑风暴法，学生和教师会有更多的机会来提出他们的想法，不仅如此，它还能有效地提高调查和学习的开放性。在企业经营管理中，头脑风暴法适合于解决那些比较简单、严格确定的问题，比如研究产品名称、广告口号、销售方法、产品的多样化等；以及需要大量的构思、创意的行业，如广告业等。在这些事务上，运用头脑风暴法可以培养参加人员的创造性能力，激发他们的创造性思维，以得到创造性的构想。

运用头脑风暴法主要有五条秘诀。

秘诀 1：在思考期间，不进行评价

关键不在于谁的主意最好谁的主意最坏，重点是谁有主意！也就是说，要等到所有的想法被列出来并做出解释后，我们才能对之进行评价性判断。

秘诀 2：鼓励思想交流的自由

头脑风暴法中的小组讨论一般没有明确限制集中讨论的主题，而是只有一个大致的、相对较宽的领域，而且在讨论过程中不存在某个主导局面的人，也不会禁止讨论，这都十分有利于参与者发挥他们的想象力。而且鼓励天马行空，异想天开，想法越多越新奇，最后得到的答案会越好。解决问题不仅需要一些切合实际的思想，也需要一些不切实际的想法，因为能从其中得到一些启发，而传统的会议讨论很难得到这些启发。

秘诀 3：在思想的数量上，有一定要求

提供的建议数量越多，从中选出一个完美方案的可能性越大。

秘诀 4：思想的联系和配合

创意 = 元素的重新组合！什么是创意？简单说来，就是元素的重新

组合。我们已知的自然数是无穷的，但是这无穷的自然数是由十个基本元素组成的。这就是元素重新组合之后的神奇创意！

比如0、1、2、3、4、5、6、7、8、9一共十个元素，2和3两个元素可以组成23、32。2、2、3三个元素可以组成223、322、232等。

中国古人将世界的基本元素归结于金、木、水、火、土；西方人发现了元素周期表，缤纷复杂的世界是由一百多种元素组成。比如C（碳）元素和O（氧）元素可以组成一氧化碳、二氧化碳、三氧化碳等。

创意，其实并没有我们想象的那么困难，我们所用的传真机并不复杂，只是“电话机＋复印机”两种元素的组合。很多创新、发明都很简单，只需要将不同的元素组合在一起就行。有这样一个故事：

一个海边的小渔村，生活在这里的人们世代贫穷。他们住在靠近海边的洼地里，海水一涨潮，村庄经常被淹，海水退潮，这个地方就成为盐碱地，种不了庄稼。邻近洼地是高山，也种不了庄稼。于是，这个小渔村的人们世世代代以打鱼为生，生活很贫苦。

有一天，村里来了一个年轻人，打听到这里的地价非常便宜，只需要很少的一部分钱就可以将这里的地全部买下来。

这个年轻人立即离开渔村，花了半年时间，筹集了一笔钱回到这个村庄，要将所有的地全部买下来。

村里人听到这个消息，都乐得合不拢嘴。他们争相来找年轻人，一个劲地夸年轻人有眼光，然后签协议。村里人领好钱，背地里都嘲笑年轻人：“这人真是一个傻瓜，连这样的地都买，非得赔死不可。”

全村人都收拾东西搬走了，但有些人搬走后还悄悄地回来，他们想看看这个年轻人到底吃错了什么药。

然而，回来的人发现，年轻人请了一支工程队过来，先将洼地附近的高山炸了，将炸出来的土方全部填到洼地里，从此洼地变成了平地，年轻人就在这里建了几十幢海景房，通过卖房挣了很多很多钱。

这时，全村的人又都过来夸这位年轻人："你真聪明。"年轻人听完，只是笑了笑，然后说道："我并不聪明，只是合理运用了创意而已。你们也可以这样。"

年轻人是怎么运用创意的呢？其实他只是将山这个元素搬到了洼地这个元素上，然后再加上海景、楼房两个元素，就挣到了天文数字般的财富。他只是将一些基本的元素进行了重新组合。可见创意并不难，创新也不难。

秘诀 5：整合别人的建议

我们不仅可以运用创意方法将一些元素进行重新的组合，还可以在别人建议的基础上发挥、完善，甚至整合。当团队中的参与者学会采纳他人的建议去修改方案，团队解决问题的能力自然也就提高了。

值得注意的是，我们在运用头脑风暴时，一定要谨记：创意不可以被批评。

进一步说，就是不要别人说一个创意你就否定一个，再说一个又遭到你否定。相反，无论别人说的是什么，我们都要先接受，作为一个建议先列在那里。

给学员讲完头脑风暴后，我通常会给大家布置一个练习：头脑风暴——椅子的用途！

你想过椅子会有几种用途吗？实际上，通过头脑风暴，大家会想到三四十种，甚至上百种椅子的用途，比如：坐椅，躺床，装东西，取暖，拐杖，狗窝，饭桌，登高，过河的浮物，杂技道具……你能想到更多吗？可以和身边的人做一做这个练习，你会发现，很有意思，甚至有些想法真是令人匪夷所思。

尽管小组产生的大多数创意都不可能被进一步地开发并转化为市场上的产品，但总会从大量海阔天空的想象中产生一个好创意。当头脑风暴法的运用着眼于某个特定的产品或市场时，产生好创意的概率会比较大。

头脑风暴的成功案例，在国内外都不计其数，我们一起来看一家法国公司的实例。

盖莫里公司是法国一家拥有 300 人的中小型私人企业。为应对市场的竞争，该企业的销售负责人在参加了一个关于发挥员工创造力的会议后大有启发，开始在自己公司谋划成立了一个创造小组。

在冲破了来自公司内部的层层阻挠后，他把整个小组（约 10 人）安排到一个乡村旅馆，他们采取了一些措施，以确保在接下来的三天中，能够避免外部的电话或其他干扰。

第一天，全部用来训练，通过各种训练，组内人员开始相互认识，相互之间的关系逐渐融洽。

第二天，他们开始创造力技能训练。他们要解决的问题有两个：第一个问题是发明一种市场上没有的新功能电器；第二个问题是为这个新产品命名。

通过头脑风暴法确定一款新产品后，其命名过程经过两个多小时的热烈讨论，整个小组共为它取了 300 多个名字，主管并没有立即让大家讨论最终命名，而是暂时将这些名字保存起来。

第三天一开始，主管让大家根据记忆，默写出昨天大家提出的名字。在 300 多个名字中，大家记住了 20 多个。然后主管又在这 20 多个名字中筛选出了三个大家认为比较可行的名字，再将这些名字征求顾客意见，并最终确定了一个。

结果新产品一上市，便因为其新颖的功能和朗朗上口的名字，获得顾客一致的好评，迅速占领了大部分市场，在竞争中击败对手。

与案例中这家法国公司形成鲜明对比的是，现实中，很多人在刚开始创业时，都苦恼于公司名字起什么好，产品名字怎么选等，为什么不用一用头脑风暴这个思维工具呢？

二维思维之五：六顶思考帽

二维思维的第三种思维工具是六顶思考帽。

“人不能在将要淹死的时候才学习游泳，也不应仅仅是为了避免被淹死而学习游泳，人们同时是为了娱乐而学习游泳，思维也是如此……”这是英国的爱德华·博诺(Edward de Bono)博士《六顶思考帽》一书的开篇。

博诺博士曾任职于牛津大学、伦敦大学、哈佛大学和剑桥大学。他是历史上第一位把创造性思维研究建立在科学的基础上的人，也是思维训练领域的权威专家之一。他所开创的“横向思维”一词已经作为词条收入《牛津英语大词典》《朗文词典》。

同时，博诺博士也创造性地提出了横向思维及横向思维的工具——六顶思考帽。如今，“六顶思考帽”课程也已经成为世界500强企业的经典课程——IBM、埃克森美孚石油、英国航空、杜邦、壳牌石油、福特汽车、花旗银行等均采用这一工具培训员工。

1984年之前，多届奥运会由于亏损，出现没有城市愿意申办的窘境：1972年慕尼黑奥运会耗资10亿美元；1976年蒙特利尔奥运会耗资20多亿美元；1980年莫斯科奥运会甚至高达90多亿美元……四年一次的体坛盛事奥运会，几乎成了各国彰显国力但亏钱的赔本买卖。

直到1984年美国的洛杉矶奥运会一举扭亏为盈，成为有史以来第一次盈利的奥运会。而这背后的玄机是，时任美国奥运会主办方的总干事彼得·尤伯罗斯（Peter Ueberroth）曾经听过博诺博士的讲座，他运用六顶思考帽的思维方式解决了这一困扰奥运会发展的历史难题。

曾经，在我们公司也发生过一次持久的争论，谁也说服不了谁，当时大家情绪都很激动。最后，我决定用六顶思考帽，我先让大家平静下来，然后用二十多分钟来给大家讲六顶思考帽，这场争论就此化解。

相对来说，纵向思维强调的是对与错。在工作和生活中，我们最常用的思维方式就是垂直思考法，即问题的答案通常都是因果对应，这是在长期的生活和学习过程中养成的。但是遇到不是因果关系的问题时，就无法解决了。这时候，就需要六顶思考帽——横向思维，强调众多的可能性。

人类的思维非常复杂，不过，博诺博士将这一系列复杂的思维简单化了。他将杂乱的思维分成了六种，然后定出了思维的顺序，也就是游戏规则。所以，六顶思考帽不仅是一种思维工具，也是一项团体游戏。

六顶帽子代表我们在不同阶段所做的某一种思维工作：白色帽子代

表资讯，代表要做资料收集工作；红色帽子代表感受，对收集的资料的感觉，必须能如实说出来（比如不喜欢，感觉不好）；黑色帽子代表法官，代表提高警惕，有戒心；黄色帽子代表肯定，代表利益、前景；绿色帽子代表创意及创造力，代表新思维、新观念；蓝色帽子代表天，代表宏观、方向。

举个例子：我们在用鱼做一道菜时，方法有很多种，可以清蒸、红烧，也可以做醋鱼、熏鱼。这时就不能用垂直思考法，应该运用水平思考法。运用知识经验想出各种各样的做鱼的方法，最后选一种，这种方法是建立在各种方式上的，经过思考以后做出的最实用的选择。例如，可考虑以下因素：自己会哪几种做法？今天来的客人喜欢的口味如何？我的厨艺怎样？哪种做法更有把握？

1. 运用六顶帽子思考方法的三个行为要点

（1）严肃性。

这是一种慎重、严肃、用尽心智的思考，而不是随意而为地想一下即可，也不是在多种可能性中随便选择。即使六顶思考帽是一项游戏，作为游戏，也必须遵守游戏的规则。就如下象棋时的“马走日”、“象走田”一样。

六顶思考帽的严肃性在于，它是用来解决问题的，问题的解决需要亲自参与，需要思维的关注和参与，而不是整个身心游离在外。

（2）重在行动。

有的时候为了沟通上的方便，我们需要用行为表达思想，比如大家都戴白帽的时候，就需要按照白帽的思维来思考问题。白帽是信息帽，当大家都戴白帽思考时，说出来的就应该是信息，此时最忌讳就是不说话当哑巴。因为如果大家都不说信息，沟通就根本无法往下进行。所以，光想是不行的，必须要求参与者用行动来表现思维。

（3）角色扮演。

不以自我为出发点，需要做什么事情就必须做什么事情。当需要大家都戴黄帽时，即使你有负面情绪，有负面想法也不能说，必须都说有益的一面。黄帽是阳光帽、益处帽，戴上这个帽子，大家的角色就是阳光，就要谈积极的一面。

但是有些人似乎天生就是负面的、消极的，张嘴就是负能量。这时，对他们要进行规范，不能让他们说负面的信息，因为这是游戏规则。

2. 运用六顶帽子思考方法的三个要求

（1）戴同一顶帽子。

小组所有的人都需要理解并统一思考问题的方向，也就是说在同一时间非常清楚用哪一种思考方式进行思考。比如需要找到方案的缺点、问题，要求所有的人都要戴上黑色思考帽，即使是方案的提出者，也是一样，这是游戏规则。

（2）全体成员认可。

小组所有的人都能接受并认同这种思考方式是有益的。所以，在运用这一思维工具、思维游戏的时候，参与者最好要先进行全体培训，以便明确游戏规则，并且确保自己愿意遵守这一规则。否则，当大家正向思考时，有人会负向思考，游戏就难以进行下去。

（3）遵守共同的游戏规则。

所有的成员遵守同一个游戏规则，不允许有违反游戏规则的人出现。

3. 运用六顶帽子思考方法的四个好处

（1）培养不同的思考方式。

也就是说我们需要进行角色扮演，扮演哪种角色就要表现哪种思维。这就像演员，演好人就像好人，演坏人就像坏人。为什么会像？因为不管是行为还是思维都已经切换到那个角色，要哭就哭，要笑就笑，才能演得像，演得真。

思维最大的限制就是自我防卫，这是大部分人产生错误思维的原因——只坚持自己的思维，不认同他人的思维，这种自我防卫是典型的一维思维弊病。如果他人不承认自己的思维，就做出防卫型的攻击，结果就是互斗、互争、两败俱伤，谁也别想好。而运用六顶思考帽培养不同的思考方式就是为了避免这种自我防卫和自我争斗。

（2）引导注意力。

六顶思考帽能够将我们的注意力引导到事情的六个层面上，因为日常工作中不论是思维活动还是外在的世界和环境都很复杂，我们也因此常常无法集中注意力。六顶思考帽可以将我们的注意力集中到某个焦点上，这样，便于激发我们的潜能，集中能量解决焦点问题。

（3）便于思考。

运用六顶思考帽时，你可以要求某人变换思维的状况；你可以要求某人运用负面思维或停止负面思维；你也可以要求某人要有创意，更可以要求某人做出纯粹情绪化的反应。

总之，只要便于思考，我们就应该变换思维。比如大家有情绪需要发泄时，就可以痛痛快快地发泄一次，发泄之后，就可以继续往下思考，这对于解决问题是非常有帮助的。

（4）计划性思考，而非反应性思考。

六顶思考帽便于我们在工作中做出计划——无论是团队的计划还是个人的计划。比如先用白色思考帽找到所需要的信息，再用红色思考帽找到对这些信息的感觉。之后，找到缺点，接着找到优点，再找出创新的点子，就可以制订计划，完善计划。

既然六顶思考帽具备如此神奇的作用，那么，具体到每一顶思考帽，我们该怎么运用呢？

4. 白色思考帽

白色思考帽也简称信息帽，主要是思考客观的事实和数字，即主要讲客观的东西，而不是主观的东西，这是白色帽子思考法的关键点。

我们来看典型的中日公司开会有什么不同。

日本公司开会时，员工一般不是带着解决方案去，而是带着手头上收集的各种资料和数据。在会议中提供他们所了解到的客观事实及各种数据分析，最后得出倾向性的结果。这是日本公司集体决策的特性。

而在中国公司开会时，员工不带着解决方案去，也不会带着手头上收集的各种资料和数据。这不仅不职业化，甚至还有一些人是专门去否定他人意见的。别人说什么，他都挑毛病，否定别人，让自己获得一种微妙的快感，这就是典型的只会戴着黑色思考帽的思维方式。

同样，公安局的警察在破案时，从不急于作出定论，不会相信某个人的说法，也不去相信跟事实比较相近的东西，而是不断地收集大量的事实数据，追求事实本身的细节。这是一种典型的白色帽子思考法。

我们在作出判断时，只有先收集足够的信息，才能作出更准确的判断。没有信息的判断是主观臆断，缺乏足够信息的判断很容易失去理性，极容易出错。因此，我们在作判断时，也应该像警察破案一样，对任何事情都要先罗列信息，然后再作判断。

白色帽子思考法就是集中所有人的智慧、知识，集中所有的资源，在尽可能低的成本前提下，收集所需要的数据和事实，并且统一大家的看法，对收集到的信息、数据和事实进行确认，达成共识。

苏联曾发生过一次重大宇航事故，宇宙飞船发射成功后，所有人都欢欣鼓舞，可是向宇宙飞船发出返回指令后，科学家们才发现，宇宙飞船竟然比预计时间早三分钟降落。也就是说，宇宙飞船会以极高的速度撞向大地，灰飞烟灭。这一惨剧发生在最后的几分钟里，经过再三核查，科学家们发现，仅仅是由于在宇宙飞船的航程计算上，采用的计量单位不同，最终造成了这一惨剧！

这个故事告诉我们，收集信息的工具固然重要，收集信息的工具被大家理解更重要！其实，很多时候，人们之间的分歧，往往是信息不对称，只有将这些信息统一，才能进一步地往下去思考问题，进而解决问题。

5. 红色思考帽

红色思考帽是一种把在暗中起作用的情绪化的、感觉上的、非理性层面上的思考用合理的方式表达出来的思考方式。因此，红色思考帽也叫感觉帽。

如果说，白色思考帽是客观、中立而且没有情绪色彩的，红色思考帽则和它完全相反。

白色思考帽和红色思考帽是一组对应的帽子，白色思考帽是信息帽，是客观的；红色思考帽是感觉帽，是主观的。

（1）运用红色思考帽需要注意的两个特点。

① 不必合乎逻辑。

思维可以改变情感，但改变情感的并不是思维的逻辑部分，而是认知的部分。因此，将感觉说出来可以不必遵循任何逻辑。

② 不能问为什么。

当一个人说出他的感觉的时候，无论这感觉是好是坏，是对是错，都不要问为什么。感觉就是感觉，一个人能够直接说出自己的感觉是很不容易的事情。所以，当团队成员都戴红色思考帽时，都可以直抒胸臆，不用怕别人有什么想法，将自己的感觉直接表达出来就可以了。无论是对信息、对争执有什么感觉，都可以直接说。

（2）运用红色思考帽的六个要点。

① 情感。

与传统的思考法相比，红色帽子思考法给了情感、感觉等非理性的因素一个合理的地位，使其能成为人们思考和决策的一种元素。在企业的经营过程中，任何决策都具有风险，一般说来风险和收益始终是成正比的。在高收益和高风险面前，情绪和感性的东西起着较大的作用。

人都有正常的感情，比如高兴、生气、害怕、妒忌和伤心等，在这些感情影响下，我们的感觉器官只选择那些主观上支持的感觉。我们不能因为有人表达出高兴的情感而就说别人支持某个意见，也不能因为有人表达出生气的情感就说别人否定某个意见。我们应该做的是，不论任何人，只要有情感都可以表达出来。

我们总是不愿意让他人表达意见，特别是否定自己提议的意见。比如自己做出一个计划，其他人说不行，不完善，我们会受不了，不愿意听。于是，压根就不愿意听人家的意见。久而久之，身边就没有说真话的人了。其实无论对方是主观的，还是客观的，只要想表达感觉，就要给人家表达感觉的机会。

② 直觉。

直觉包括三个要素，第一个要素是对事物的洞察力，即某种事物原来给你一种感觉，而突然间你却对它有了另一种认知。这可以是一种创造力，一项科学发现，或是数学理论又前进了一步。比如有人提出一个信息——鸡蛋又涨价了，这时，你忽然有一种感觉——物价又上涨了，这就是洞察力的作用。

直觉的第二个要素是对情况的即刻了解，这种了解可能是通过以往经验的复杂判断——这种判断也许无法分条综述，也可能难以言喻。

直觉的第三要素就是情绪的时刻转换，也许前一刻你还感觉良好，但是下一刻却感觉糟糕。不要怕，直接将当下转换的情绪表达出来就好。

③ 品位。

品位是一个非理性的因素。比如你的品位就是喝茶，或者是喝咖啡，这些都是你的感觉，不用追究原因。

④ 审美观。

审美观是一种情绪化的东西。比如在服装方面，人与人之间的差异是很大的，审美观不一致，结论也不同，不能要求每个人的审美观一致。

⑤ 世界观。

我们要允许世界观在一定程度范围内的合理性存在，正确的世界观要加以鼓舞发扬，错误的世界观要坦城沟通。只要具有一定合理性的世界观，都可以让它被表达出来。

⑥ 个性。

每个人都有自己的个性。运用六顶思考帽时，是允许个性存在的。不能因为一个人有个性，就不让他发言。

（3）红色思考帽使用的四个原则。

① 正确运用直觉、预感与感觉；

② 不要证明或解释自己的感觉；

③ 避免争辩；

④ 避免过度使用红帽。

生活中经常有人表达他们的感觉，但是他们只愿意表达自己的感觉，不愿意听他人表达感觉，这是不行的，红色思考帽很好地给了每个人表达自己感觉的机会。然而，过分、过度运用红色思考帽则是一个巨大的悲哀！如果人们只表达情绪，甚至将表达情绪当成发泄，就没有办法去解决问题了。

6. 黑色思考帽

黑色思考帽就是运用否定、怀疑、悲观的看法，合乎逻辑地进行批判。大多数的思考者（受过训练与未受训练）在戴着黑色思考帽时，都觉得是最舒服的，这与人本身特别强调争辩与批判有关系。有许多人认为，思维的主要功能就在于戴上黑色思考帽进行思考，其实这种观点是错误的，因为它完全忽略了启发性、创造性与建设性的思维。

黑色思考帽思维方法总是合乎逻辑的，它谈的是否定层面，与情感无关。情感的否定层面属于红色思考帽的范围（它也包括情感的肯定层面）。黑色思考帽思维方法所看到的的确都是事情的黑暗面，但这些都是合乎逻辑的黑暗。比如下面这段对话：

——我觉得降低价格没什么用。

这是红色思考帽思维方式。当戴上黑色思考帽，就要讲逻辑理由。于是就变成了：

——以我们过去的经验来说，我可以拿销售数字为例，降低价格之后的销售量并不足以弥补减少的利润。我们的竞争对手也会降低价格来抵制我们。

（1）运用黑色思考帽的两个目的。

① 发现缺点。

我们可以在探讨一个想法的早期，就应用黑帽，这有助于我们发现这些缺点以便克服和改正。当用黑帽发现缺点时，我们的目标是改进这个想法。

在美国，有一个“找个天敌做搭档”的故事：

海湾战争之后，美军提出了一个全新的理念——战争状态下士兵的生存能力比作战能力更为重要。

于是，研制世界上最坚固的MIA2型坦克防护装甲，成为改进美军装备的当务之急。

作为美国陆军中最优秀的坦克防护装甲专家，乔治·巴顿中校接受了研制MIA2型坦克装甲的任务，他请来了一位“天敌”做搭档，即毕业于麻省理工学院的著名破坏力专家迈克·马茨。两人各自带领一个研究小组开始工作，巴顿小组负责研制防护装甲；迈克·马茨小组则是专门负责摧毁巴顿研制出来的防护装甲。

开始时，马茨总能轻而易举地将巴顿研制的新型防护装甲炸个稀巴烂。在巴顿一次次地更换材料和修改设计方案后，终于有一天，马茨使尽浑身解数也未能奏效。就这样，一种世界上最坚固的坦克防护装甲，在近乎疯狂的破坏与反破坏的反复试验和较量中诞生了。

这种被称为“艾布拉姆”式的MIA2型坦克，其防护装甲可以承受时速超过4500千米、单位破坏力超过1.35万千克的打击力量。巴顿与马茨，这两个技术上的冤家对手，也因此同时荣获了紫心勋章。

巴顿中校事后深有感触地说：“事实上，有问题并不可怕，可怕的是不知道问题出在哪里。我们请马茨做‘天敌’，就是希望他帮我们找到问题，从而更好地解决问题。”

这就是黑色思考帽的绝妙运用！

② 作出评估。

在对某个探讨活动进行总结时，我们可以运用黑色思考帽来作评估或判断；同样，当我们想确定某个观点是否具有价值或者我们要把某个想法付诸实践时，都可以通过运用黑色思考帽来确保我们没有犯错误。在最后的评估中，我们也可以在黑色思考帽之后，再运用红色思考帽来确定作出判断之后，我们对这个判断的感觉是什么？

为了加深对白色、红色和黑色这三个思考帽的记忆，我们可以在自己的团队中组织一个游戏——抓间谍。游戏内容如下：

一组六个人，每个人拿到的纸条大小都一样，但内容不一样，其中有一人拿到的是间谍的纸条。先让大家运用白色思考帽找出拿到间谍纸条的人，然后再运用红色思考帽感觉哪个人有问题，再然后运用黑色思考帽来评估和判断。

其中任何人怀疑同组中的某个人是间谍时，只需要指控那个人是间谍即可。除了被指控为间谍的人以外，同组的其他人进行投票表决，如果半数以上的人认为被指控者确实是间谍的话，被指控者就不能再继续参与讨论。无论你是不是间谍，都不可以说出来。被表决逐出讨论的人必须留在小组中观察讨论过程，直至找到那个小组内的真正间谍。

通过这个游戏，可以充分体验白帽、红帽和黑帽这三种思维怎么用。

落实到每个人的工作和生活中，也可以灵活运用这三种思维。无论什么事情，先列出信息，然后感觉一下，然后再作出评估和判断。

（2）用好黑色思考帽的四个要点。

① 批判一定要合乎逻辑。

黑色帽子思考者的意图并不是制造怀疑一切的论点，而是以客观的方式，提出事物的弱点。比如我们不能低估失业人数，因为有许多失业在家的人也许不愿费力去登记。所以，批判时一定要注意逻辑上的因果关系。

② 过去的经验是否适用。

比如：

“在通货膨胀的时候，人们会节省得多。”

“不对。人们不会节省。”

“在大多数国家里，人们会比较节省，但在美国不同，这可能是因为人们的金钱来源比较多，而且人们的财务状况也比较复杂；也可能是因为借来的利息可以节税，而且在通货膨胀时，利率也可能降低。”

③ 一定的想象力。

某大学校园要举办一场舞会，来了1000多人，但学校操场只能容下200人，只要仔细想象一下就知道这个舞会办不了。

上大学时，我们学校也曾经举办过舞会，由于请了当时学校最火的乐队，结果一个只能容下300多人的场地，挤进了500人，外面还有几百人要进去，尽管那种场面非常热烈火爆，但是潜在的危险也是无法控制的。

后来，由于这次活动，有了经验，不论举办什么活动，我们都会先设想一下具体情况，衡量自己能不能进行有效地控制，再作决定。

④ 提出可能性。

黑色思考帽可以为我们提供各种可能性。所以，我们在运用黑色思考帽的时候，应该多去谈可能性，而不是一味地否定他人的观点。否定他人的确会有快感，但是这对解决问题没有实际意义。不过，生活中有许多人喜欢否定他人，并且完全是为了否定而否定，并不是为了解决问题。

比如我们常见的校门口的通知：

通　知

近期发现有其他学校的学生进入本校学生宿舍偷学生的物品，并发生过与发现其偷窃行为的学生斗殴使其受伤的情况。为了防止此类事情的发生，学校决定在学生宿舍门口增设门卫。所有学生在入寝之前必须先经过门卫的检查，证件齐全方可进寝。一旦发现有逃脱门卫检查进入学生宿舍的学生立即开除。

如果运用黑色思考帽来思考，流程大致如下：

虽然有其他学校的学生进入本校学生宿舍偷东西的事件发生，但不能证明所有外校学生都有问题，如果是本校学生偷的东西呢？（这是提出可能性）

每个人外出不可能把证件都带全。（这是经验）

把学生开除的惩罚太重了，有可能导致自杀。（这是想象力）

美国宇航局就曾成功运用黑色思考帽，解决了宇航员在太空写字的问题。当年，美国宇航局向全球发布了一则广告——征求一种发明，要求能在太空中写字。

有个德国学生给他们发了一封信，上面用铅笔写了一句话“试试铅笔。”铅笔是靠铅和纸的摩擦留下的痕迹来写字的，不受重力的影响，所以既能在地面上写字也能在太空中写字。虽然环境发生了变化，但工具本身的适用条件没有发生变化，摩擦还是存在的。这种合乎逻辑的想法解决了美国宇航局的问题。

（3）运用黑色思考帽需要避开的两个陷阱。

① 绝不争论。

逻辑思维最大的误区就是争论。放下争论，共同发展才是世界的主流！可是现在很多人就是喜欢争辩，甚至觉得不争个高低就显示不出能力。结果，互相攻击的人太多，具体做事的人太少，这是团队建设值得警惕的。

② 避免沉溺于攻击他人而产生的满足感。

运用黑色思考帽时人们会有快感、满足感。如果不加以节制，有的人会沉浸在这种快感中，扭曲解决问题的心态，使团队陷入相互攻击的状态中，不仅无法解决问题，甚至还会制造更多的问题。

7. 黄色思考帽

黄色思考帽是将正面、乐观、喜悦、积极的心态集中于利益之上，是有理性逻辑证明的、建设性和启发性的思考。

每个人都会有乐观的一面，都有对美好生活的向往，再消极的人也会看到乐观的一面。无论在工作还是生活中，都会有这样的体会——任何事情如果我们完全从正面的、积极的、乐观的角度去考虑，会想到很多可能，而且不管是哪种可能性，结果都是积极的。同样，我们的人生也需要这种乐观的思考。

黄色思考帽与白、黑、红、绿色思考帽对比，如图 15 所示。

黄色思考帽 VS 白色思考帽	
黄色思考帽	白色思考帽
有逻辑、有依据，讲步骤和方法	无逻辑、无方法，只要事实

黄色思考帽 VS 黑色思考帽	
黄色思考帽	黑色思考帽
正面的、积极的	负面的、否定的

黄色思考帽 VS 红色思考帽	
黄色思考帽	红色思考帽
理智的、正面的	情感的，无论正面负面，只要非理性

黄色思考帽 VS 绿色思考帽	
黄色思考帽	绿色思考帽
现实基础上的逻辑推理	强调创新，无边的想象力

图 15

（1）运用黄色思考帽的两个要求。

① 逻辑性。

黄色思考帽一定是逻辑性的，在逻辑上既不能异想天开地乐观，也不能毫无根据地乐观。

② 实现的条件。

运用黄色思考帽需要注意的是，这种思考不是一个凭空的白日梦，而是有坚实的现实条件的，是有证据证明可以实现的。

（2）用好黄色思考帽须掌握的五个特点。

① 积极。

黄色思考帽又叫阳光帽、益处帽，所以，它的显著特点就是积极的，戴黄色思考帽时不能表达消极的情绪和想法。

② 乐观。

乐观是上天赐予人类的最大天赋，也是人类幸福感的来源。黄色思考帽表达的就是乐观的情绪，大家在戴这个帽子时，无论是谁，都应该表达出乐观的言辞。然而，有些人是天生的悲观主义者，无论做什么都悲观，他们极少有乐观的情绪，所以也不会有乐观的言论。但在黄色思考帽的运用里，一定要要求他们有乐观的思想、情绪、言论。

③ 具有建设性。

黄色思考帽一定是有建设性的想法、意见，这才是解决问题的关键。否则，就是空中楼阁，百无一用。

④ 具有启发性。

黄色思考帽提出的想法应该具有启发性，可以启发其他人，可以对问题的解决提供思想素材和智慧的导引。

⑤ 超前性（着眼于未来）。

任何问题的解决，都应该着眼于未来，而不是纠结于过去。所以，黄色思考帽是一种超前性的思维。但是这种超前性不是梦幻的，而是正面的、有逻辑的。

8. 绿色思考帽

绿色思考帽是对常规的改变，是一种创新的认知，是一种疯狂的、没有道理的想法。

绿色思考帽强调的是创新，进而达到一个惊奇的、出乎意料的结果。即使没有任何根据和逻辑依据！

运用绿色思考帽需要我们尽情地去想，才会想到真正的创新方法。只有这种不拘泥于现状，对原来实际情况进行根本性改变的观察和思考，才可以设计出推陈出新的新产品，才可以有更多的新思维、新思想、新气象、新创造……

（1）运用绿色思考帽的三个行为要点。

① 创造力。

绿色思考帽是一种创造力的帽子，是创造力的体现，因此，绿色思考帽也叫创新帽、创造帽。遇到问题就消极悲观，想不到解决问题的办法，这是一种思维能力低下的表现，更是创造力的缺失。所以，绿色思考帽是我们必须要培养的思维习惯。

② 集中精神。

绿色思考帽需要集中精神，人类的创造力必须集中精神才能发挥出来。很多人都认为自己没有创造力，那是因为他们从来没有用过，从来没有集中精神过。有这样一句话：越不擅长的事情，越要尝试，一切都在勤于练习。

③ 不做批评。

对于成员提出的天马行空的想法，不做批评。人的思想不是被禁锢的牢笼，而是应该被点燃的火把。

（2）运用绿色思考帽的四种主要思考方式。

① 假设与假想。

无论事情成与不成，先假设它成。进而讨论成的方法。这样一来，很多事情就通了。

② 可能。

可能性是人类最大的财富，无论遇到任何事情，都不要放弃可能性，不能放弃希望，让天马行空的思想彻底驰骋起来。

③ 诗。

人要诗意地栖居在大地上，人生就是一首诗，绿色思考帽也是一首诗，它是有生命力的，它的生命力就在于创新，在于不拘一格，像创造一首诗一样去运用绿色思考帽。

④ 逆转。

绿色思考帽可以将一些想法逆转，通过逆转找到问题的切入点。

（3）成功运用绿色思考帽的方法。

绿色思考帽的成功运用，还需要借助“七字法宝”——加、减、乘、除、转、用、时。

① 加。

两种不相关的东西，通过组合就可以产生新的元素、新的事物、新的发明。发明创造并不难，简单地说，就是元素的新组合。

这样的案例不胜枚举：录音电话是录音机＋电话机；来电显示是来电显示屏＋电话机；网络电视是电视＋网络……

由此可见，加法就是拿到创意的好方法。

② 减。

现实中，很多人都说自己会很多技能，但却说不出一个专长的技能。这时，如果做一下减法，一条条减去，他们就会发现自己的专长。然后再针对自己的专长，加以培养，进而发现自己更大的优势。

不难发现，减法其实是最好的过滤工具，当我们过滤掉、减掉那些不必要的技能或是事物时，反而能够以退为进，获得长足的发展。比如有线电话和无线电话，有线电话去掉线就是无线电话，同样，蓝牙技术也是运用减法原理的典型。

③ 乘。

这里的乘法，是将那些好的、正面的、积极的事物成倍增加，不断扩大效应。

比如火箭的发明，古人的火箭只是武器，飞行几百米已经是极限，而现代科学家将火箭“无限放大”之后，就创造出了飞出地球的飞行工具。有些事情，只有极度放大，才能发现它更好的用处。这就像一个人的力量极度微小，但是千百万人的力量汇聚在一起，就是极大的力量。

④ 除。

除是乘的反面，缩小。在这一点的运用上，袋装洗发水就是运用除法的一个极好的例子：大瓶洗发水不便携带，但袋装洗发水就很好地解决了这个问题。特别是在人来人往的宾馆、酒店，通过小袋装洗发水可以节约成本，方便顾客。

随身听也是一个将巨大音箱运用除法的典型例子，手表也是——古代的钟表都是极大的物件，手表的出现很好地解决了这个问题，将大大的钟表变成小巧玲珑的手表。

⑤ 转。

这一方法指的是，如果我们从事情结果往回想或换一个角度想，事情往往迎刃而解。希腊神话中一个故事，就能很好地阐述这一方法。

佛律基亚的国王戈耳迪，用乱结把轭系在他原来使用过的马车的辕上，其结牢固难解，神谕凡能解开此结者，便是亚洲之君主。

好几个世纪过去了，没有人能解开这个结。

公元前 3 世纪时，古希腊罗马的马其顿国王亚历山大大帝，在成为希腊各城邦的霸主后，大举远征东方。公元前 334 年，他率兵进入小亚细亚，经过佛律基亚时，看到这辆马车。有人把神谕告诉他，他也无法解开这个结。

为了鼓舞士气，亚历山大拔出利剑一挥，斩断了这个复杂的乱结，并说："我就是这样解开的。"

这就是转的能力。很多事情，你转一转就会有不一样的解决办法，亚历山大大帝就是古代运用此能力的绿帽思考者。

⑥ 用。

很多时候，我们改变一下某个事物的用途，往往会有意想不到的结果。比如姜汁可乐，姜可以驱寒，可乐能够止咳，并且还可调和姜的味道。而当我们将姜汁和可乐一起熬煮之后饮用，不仅有防寒祛痰的功效，还可以增加热量，暖胃；尤其是对于感冒引起的喉咙胀痛、扁桃腺炎非常有效，这种饮料也很适用于冬季。外国的可乐和中国的姜融合在一起竟然有如此奇效，这就是"用"的能量。

⑦ 时。

不论任何事情，时间都会影响我们的思维。然而，好的创意需要的就是时间。

在香港，有一句俗话“桥不怕旧，至紧要受。”寓意是点子要好，新旧不究。无论时间相隔多久，创意永远不会老，永远不会有尽头。

提到泰坦尼克号，谁都不会陌生，这场发生在20世纪初的海难事故，至今都过去一百多年了，但它的名字和事迹还被多次改编翻拍成电影。人们每看一次感动一次，因为每一个时代的翻拍都会产生不一样的效果和感觉。

不论是运用好时间还是在时间里运用好创意，同样都非常重要。

总而言之，运用绿色思考帽，首先要明白新和变是其核心，运用的关键在于变。绿色思考帽使我们的大脑处于激活状态，让我们将各种思路联系起来，是一种良好的脑力锻炼方法。精英们大都精通其中的奥妙。

9. 蓝色思考帽

蓝色思考帽可谓是思考中的思考，是对思维的指挥、控制，也是安排思考的程序、方法，并在这一过程中不断地做出总结。可以说，蓝色思考帽是六顶思考帽的“大脑”，是六顶思考帽的“船长”。没有蓝色思考帽，六顶思考帽将陷入“无政府主义”，别说是游戏，更谈不上解决问题。因此，蓝色思考帽也叫控制帽。

蓝色帽子思考法的角色，如图 16 所示。

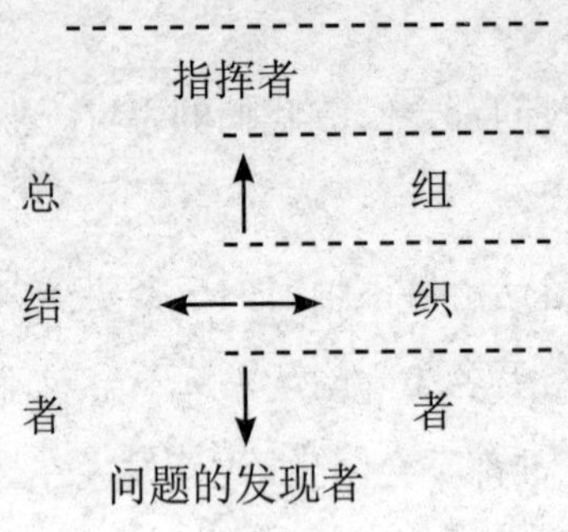

图 16

（1）运用蓝色思考帽的三个好处。

① 统一思想。

以我在培训课堂上组织的“福尔摩斯是好侦探吗”这一课题为例，通常是这样操作的：

每个小组中分别有甲、乙、丙、丁四个组员。甲戴的是蓝色帽子，是组织者、指挥者、总结者。

这时，甲说我们都戴白色思考帽，大家都得遵守游戏规则戴上白色思考帽，收集福尔摩斯的信息和好侦探的信息；然后甲再让大家谈谈感觉——统一戴上红色思考帽；如果都认为福尔摩斯是个好侦探，那么就可以结束这个讨论了，如果有争议，那么就争议可以继续往下运用六顶思考帽讨论。

② 变更思考角度，使思考更全面完整。

蓝色思考帽主要负责变换思考角度，使团队的思考更全面完整。比如当大家陷入黑色思考帽的思维，负面情绪泛滥时，戴蓝色思考帽的人应该主动要求大家换个思考帽，换个角度再考虑一下问题。这一点非常重要，否则，团队容易陷入思考误区，难以自拔。

③ 使思想合理化、清晰化、程序化。

蓝色思考帽主要功能是使讨论和思考合理化、清晰化、程序化。所以，蓝色思考帽不仅负责主导培训，还负责会议记录、帽子使用顺序、明晰焦点问题等。

（2）运用蓝色思考帽需要注意的四个事项。

① 什么时候该戴什么帽子。

蓝色帽子的主要责任是做记录和总结，是思考中的思考。所以，什么时候该戴什么帽子十分重要。

一般说来，最好的顺序就是先戴白帽，收集信息，确定信息，统一大家对于信息的认识；然后戴红帽，谈大家对信息的感觉，一致的通过，不一致的将保留；接下来运用黑色思考帽请大家在信息见解不一样时讨论对信息缺点的认识；之后，运用黄色思考帽讨论这些信息和见解的优点和益处，以及解决问题的方向和建议；紧接着，运用绿色思考帽谈创新的建议和解决问题的天马行空的想法；最后，运用蓝色思考帽总结，确认，达成共识。

但是，有时候并不需要这么死板。比如当大家都达成了共识，矛盾也很明显，这时就可以直接先对矛盾运用黄色思考帽考虑。如果问题化解不了，再运用黑色思考帽、绿色思考帽，直到解决问题。

② 不要批评，只能引导。

批评是扼杀创新思想最有力的武器，所以要尽量杜绝批评，同时善用引导。每个人的看法和观点都有正确的一面，只是看问题的角度不同。每个人的感觉也都是真实的，只是具体的感受因人而异。所以，尊重每个人的看法和感觉非常重要。

③ 灵活的主导作用。

灵活运用是六顶思考帽的关键，就像我们下围棋、象棋一样。如果按照现有的棋谱死板地去玩，不仅没有意思，而且很容易输。相反，掌握规则之后再加以灵活运用，出奇制胜，才能乐趣无穷。

④ 使讨论清晰化。

把思考、探讨过程安排合理，是蓝色思考帽的责任。

10. 六顶思考帽总结

（1）六顶思考帽运用的主要目的。

① 简化思维。

人类的思维已经足够复杂，以至于一谈到思维，人们都会皱起眉头。现在，通过六顶思考帽的运用，就可以一步步地分解操作，直到解决问题。

② 让思考者可以自由变换思维形态。

在运用六顶思考帽的过程中，我们可以自由地变换自己的思维形态。或许此刻还是红色思考帽，在谈感觉；下一步就是黄色思考帽，就在讨论优点和解决方法了。

（2）运用六项思考帽的两种情境。

通常在组织系统中，使用六顶思考帽的情境主要有两种。

① 情境一：

- 当参与思考的人员各持己见、互不相让时。
- 当问题探讨漫无边际，无法得出明确结论时。

• 当时间急迫，而需要全面研究问题时。

② 情境二：

• 有绝对正确的使用序列，根据具体情况具体来用才是对的。

• 可以多次使用或者根本不用，六顶思考帽是用来解决问题的，没有问题用它就是浪费时间。有了问题合理用它就能解决问题，就能节约会议时间。

（3）六顶思考帽的运用顺序。

六顶思考帽的运用顺序，按照问题解决的不同阶段，通常有三种序列。

① 初始序列。

• 如何解决这个问题？（黄色思考帽）

• 怎么看待这个问题？（红色思考帽）

• 目前有哪些信息？（白色思考帽）

• 讨论这些观点的有益之处。（绿色思考帽）

• 避免重复使用帽子。（蓝色思考帽）

② 中间序列。

• 替代方案是什么？（绿色思考帽）

• 讨论方案有何价值。（黄色思考帽）

• 有什么缺点？（黑色思考帽）

• 这与已有的信息相不相符？（白色思考帽）

③ 结尾序列。

• 总结一下之前的思考。（蓝色思考帽）

• 这些都能做到吗？（黑色思考帽）

- 该如何处理这些方案？（绿色思考帽）
- 尽管知道方案不可行，但是仍然喜欢。（红色思考帽）
- 大家对这个过程有什么感觉？（红色思考帽）
- 在结尾序列中，还要注意三个关键问题：

A. 需要行动时，使用黑帽得出最终评价；

B. 使用红帽得出一个情感化的看法，并对决定作出情感化的反应；

C. 使用蓝帽进行总结，迅速决策，进行下一步组织安排。

二维思维之六：突破思维障碍

我们的思维经常会陷入以下五种障碍：

- 知识贫乏；
- 无批判地学习；
- 迷信；
- 固执和偏见；
- 习惯性思维。

1. 思维障碍原因之一：知识贫乏

尽管我们都在强调学习，但是我们获得的知识却如此贫乏，有些可能已经入脑，但还并未入心。

未来，什么才是真正的学习？毫无疑问，一定是体验式学习。如今，世界已经进入云计算时代，信息正在以前所未有的速度爆炸式增长。知识教育不再是教育的核心，获得知识的能力才是教育的核心。

当今社会，人们最需要的不是学历，而是学习力；教育的重点也不再是考察学生的知识记忆水平，而是考察学生的自我学习的能力；世界已经不是应试教育的世界，特别是在网络经济大潮的冲击下，人与人之间的距离越来越远，教育更应该重视人与人之间的交流，其实质就是情商的教育。

想要解决知识贫乏的问题，一是靠环境，即国家整个教育环境和教育模式的改变；二是靠自己，同时还需要掌握两个要点。

第一个要点是知识要有用。就是你学到的知识要与你的职业相关，或者在当下就可以应用。在《福尔摩斯探案全集》的第一章里，就有这样一段描述——

华生医生给福尔摩斯列出的整个知识构成是：文学知识没有、哲学知识没有、天文学知识没有、植物学知识没有、政治学知识没有，但是对锒铛之技和鸦片却知之甚详；对毒剂有一般的了解，但对园艺学却一无所知；地质学知识偏于实用，虽然掌握有限，但一眼就能分辨出不同的土质（他散步回来后，曾把他裤子上的泥点给我看，根据泥点的坚实和颜色的程度来说明，是在伦敦哪个地方溅上的）；化学知识精深，惊险文学方面的知识很广博（他似乎对近一世纪中发生的一切恐怖事件都深知底细）；提琴拉得很好，善使棍棒也精于刀剑拳术；关于英国法律方面，他具有充分的实用知识。就福尔摩斯这样的知识构成来说，当医生是不行的，当文学家也很难，但当侦探却绰绰有余。

试想一下，我们的知识构成是什么呢？我们可以用我们的知识构成做什么呢？

第二个要点是知识源于生活。知识的来源不仅仅是书本，还有很多是对现实生活的总结。因此，多参与社会实践，历练自己就显得非常重要。

我在给学员们上六顶思考帽课程时，经常问学员们一个问题："为什么商店里很多产品的价格定为9.99元或99.9元？"

学员们几乎都说是促销，是针对人们的低价心理。其实，这个惯例实行之初是商家们为了保证店员可以打开收银机给每一次交易找零钱，这样既可以记录营业额，又防止店员把钱装入自己的口袋。

2.思维障碍原因之二：无批判地学习

有一句话说，年轻人学习知识要像海绵吸水一样，这句话对了一半。因为一个人如果没有批判性地学习，没有主见，就不能形成自己的独特风格。所以当知识积累到一定程度时，学习应该有自己的观点和看法。否则，学来的东西就是一盘散沙，一无是处。这就如同那则经典的故事——"沼泽中的脚印"：

曾经，有一个人要穿越一片沼泽地，因为没有路，他便试探着往前走，尽管很艰险，但是在左试右探之下，他竟然安然无恙地走了一段路。然而，好景不长，没走多远之后，他就不小心一脚踏进泥潭，陷入其中，直至死去。

后来，又有一个人打算穿过沼泽地，看到前人留下的脚印，心想：这条路一定有人走过，沿着之前的脚印走下去一定能够通过。于是，他用脚试着踏出第一步，果然不出所料，于是便放心大胆地走起来。最后也一脚踏空没入泥潭，被沼泽吞没。

当第三个人来到沼泽地时，因为看到前面有两个人的脚印，他连想都没想就沿着走下去，最后……

这个故事告诉我们，那些很多人所谓的障碍其实就源于简单粗暴地、没有判断地复制，无论是人生还是事业，一旦遇到问题，就无法解决。在二千多年前，孔子就已经提出“君子以仁发身，小人以身发财！”所以，学习要学善恶美丑，要学荣辱观，羞耻观，要有批判地学习。

3. 思维障碍原因之三：迷信

迷信会让人耳目失聪，对周围事物不敏感。

在培训课堂上，每次讲到这里，我都会讲这样一个故事。

有一个人非常贫穷，但他也是一位非常虔诚的基督徒，很多牧师都说他在教堂的时间比自己还多。

但是这个人就是非常贫穷，没有工作，没有其他交往，生活下去都很难。于是，牧师们都向上帝祈祷，愿全能的上帝能睁开眼睛看看这位虔诚的信徒，给他一份工作，给他一份财富！

牧师们的虔诚祈祷感动了上帝，上帝终于现身了，但却对他们委屈地说道：“不是我不给他一份工作，不是我不赐给他一份财富。我跟很多人说了要给他一份工作，只要他能走出教堂向路过的人申请工作。我也跟很多人说了要给他一份施舍，让他能够富起来，只要他能走出教堂向人们提出自己想要的。可是，你们知道吗？他根本不走出教堂。不去行动，不去改变自己的命运，我也对他无能为力了。”

所以，一个人不能迷信，更不能盲目地迷信那些所谓的“权威”，要有勇气和能力去作出判断。

在国外，曾经发生过一起空难，一位将军在这起空难中“牺牲”了。然而，当人们着手解密飞机为什么失事时，才发现，飞机驾驶员完全按照正规流程驾驶飞机，是没有问题的。可是那位将军正好坐在飞行员的旁边，当飞机遇到颠簸时，将军让飞行员按他的意思降落，飞行员的第一反应就是服从。然而，将军的指令是错误的，最后，飞行员和将军都在这起空难中“牺牲”了。

因此，不管是权力、权威还是经验，我们都不能盲目地迷信，要学会用自己的智慧去正确地判断。

4. 思维障碍原因之四：固执和偏见

对于已经在工作或事业中取得成功、有经验的人士来说，他们最容易犯的一个错误就是固执和偏见。因为以前的成功已经证明他们是正确的，所以他们就更加相信过去的经验，越是这样就越容易固执，而固执到了一定的程度就形成了偏见。

在这里，有必要区分一下执着和固执，执着就是为了自己的梦想，不断地去奋斗，它和固执有本质的区别。

还记得梦想和目标的区分吗？梦想就是用二十年、三十年去做的事情，是回答自己为什么活，活的使命、价值和意义的事情。梦想是不变的，一个人可以有一个梦想，也可以有多个梦想。目标是不断变化的，有每天目标，每周目标，每月目标。

人之所以经常会对选择感到痛苦，因为他们的目标不明确或是目标总在变化，这让他们茫然不知所措。如果源于梦想而作出选择，就不会痛苦，因为梦想是明确的，如灯塔般照亮我们前行。

有时候问学员有没有梦想？很多人都说没有。于是，做什么事情都难，而且不会坚持，做事易反复。还有一些学员没有梦想但有目标，于是只是坚持自己一个目标，固执得不得了。

5. 思维障碍原因之五：习惯性思维

人类思维的最大敌人是习惯性思维。

世界观、生活环境和知识背景都会影响人们对事对物的态度和思维方式，其中最重要的影响因素是过去的经验。生活中有很多经验，它们会时刻影响我们的思维。

在培训课堂上，我经常会提到这样的一个案例：

水浇在衣服上衣服不湿，而且水一抖就抖掉了，这件衣服又是全毛的，怎么回事？很多人会觉得这个不可能！毛衣上沾了水，怎么能不湿，而且一抖就抖掉呢？原因是这衣服的纤维经过了特富龙（杜邦的一种材料，既厌油又厌水）处理。

其实，这就是一个新的改革，如果完全依赖过去的经验，我们就会判断失误。尤其是在当今社会，科学进步非常快，以前的许多不可能的事情现在都变成了可能，我们不能完全依赖过去的经验来判断未来。过去经验的积累，容易导致我们在思维上形成定式。

人们常说："过去的经验既是我们的财富，其实某种程度上又是我们的包袱。"这是在告诉我们，在我们认知新事物时，有时需要抛弃原有的认知和习惯，这也就是所谓的"舍得""放下"。

我们要突破思维障碍，培养创造性思维，就要避免以下几种思维的误区：

——创造性思维是一种天分，有些人有，有些人没有；

——新点子会突如其来，不可能事先策划；

——创造性思维一定是异想天开，标新立异才顶用；

——创造性思维是高层管理人员的工作，不关我的事；

——只有聪明人才有好主意；

——创造都是大的举动。

创造性思维是理性的、务实的，而且，确实可以解决很多现实中存在的问题！以上这些想法都是大错特错的，然而，许多人就这样"错"了一辈子！其实，创造性思维人人都有，唯一的区别只是多少而已。你用的多就多，你用的少就少，你不用就没有。

锻炼创造性思维的关键就是要有意识地深思熟虑，有意识地去学习。每个人的日常工作，只有他自己是最熟悉的，如何想办法改善自己的工作流程、工作标准、工作内容，都是对创造性思维的运用。

历史上的发明，都是经验和知识的总结，都不是一蹴而就的，而是通过一步一步地积累而来的。比如鲁班发明锯子，是因为自己手被草割伤之后，锯齿状的叶子边缘带来的灵感；蔡伦发明纸是因为发现洗衣服时经常掉下一种絮，薄薄的一层，这就是纸的原形。对于创造性思维来说，任何小小的改进都不能忽略，特别是日常生活小事的改进！

大家都看过电影《阿甘正传》，这部电影给我们最深刻的启示是：一个智商只有70分的人都可以成就自己，何况正常人？

人的成功、成就与智商没有多大关系，反而与情商、与思维力关系密切，然而，我们自己的情商、思维力又是如何呢？我在给学员讲六顶思考帽时，经常会提到下面这个案例：

在摩托罗拉公司，有一个给工人准备的“创造区”。任何生产线上的工人如果有新创意想法的话，都可以在这个区里进行测试。在创造区里，工人可以完全按照自己的想法实施，如果遇到障碍，造成创造中断，他们会把他半成品放在那儿，然后贴上标签，把想法写上，以便其他人继续参与研究。

天津一个工厂里，有一组流水线上的工人通过不断地创新和改良，把一个生产流程从两个小时缩短到一分半钟——原来的整块机板，要切开以后再焊接，他们改成先焊接再切割，这样一来就可以用机械手一次性焊接，缩短了时间。这组工人不仅受到了公司总部的奖励，并受邀前往向全球分公司介绍经验，从而将这一经验推广开来。这个惊人的绩效提升就来自每天跟日常工作打交道的工人，不是工程师，也不是工厂领导。

看到这里，你有没有这种冲动——从现在就开始创新、变化，继而超越你身边的人，甚至超越这个时代，通过你的能力去解决自己的问题，进而帮助他人解决问题？

一个人最大的悲哀，莫过于在死气沉沉、穷困潦倒的日子里，却没有一丝积极向上的念想，没有向上的动力和心愿，麻木不仁，没有知觉，没有变化，犹如行尸走肉；一个人最大的痛苦，就是心甘情愿地跟周围的人一同生活在悲凉的苦难里，整天幻想着改变命运，想着未来美好的生活，却不去行动，心堪比天高，命却如纸薄。

突破思维障碍，需要遵循以下三个原则。

（1）培养积极的心态。

任何事情，你若不想做，你会找到一个借口；你若想做，你会找到一个方法。这里的“想做”就是积极心态的最佳阐释。

曾经，有一对双胞胎，他们的父母天天酗酒，吵架，整个家庭的生活环境极其糟糕！然而，在二十年之后，哥哥因犯罪坐牢，弟弟却已经是世界500强企业的大区总经理。

人们很奇怪，为什么同样的家庭，同样的环境，两个人的境遇，差距却如此巨大呢？

于是，记者就去采访他们，想一探究竟，问他们同一个问题：为什么你会有今天?

哥哥很凶狠地回答:“谁让我有这样的父母，这样的家庭?”

弟弟却笑了笑说道:“谁让我有这样的父母，这样的家庭?”

他们的回答竟然一模一样。记者对此感到更加疑惑不解，继续追问为什么。

哥哥说:“因为有这样的父母，我对生活已经失去信心。”

弟弟却说:“糟糕的家庭生活，让我无时不刻地提醒自己，如果你不想再过父母那样的生活，就要加倍地发愤读书，出人头地。”

这个故事启示我们：决定一个人成就的，不是外在的环境，而是我们内在的信念和心态。事情本身并不重要，重要的是我们对事情的看法。

培养积极的心态，不仅仅是一个口号，而更应该是实际行动。作为精英，首先要培养自己积极的心态，并且付诸行动。

（2）勇于正视自己和他人。

心理学家通过心理学研究发现，人类有这样一种本能：看自己容易看到自己的优点；看别人容易看到别人的缺点。当事情做成功时，人容易把功劳归于自己；当事情做砸了时，容易把责任推给别人或是分摊给大家……

所以，想要突破思维障碍，一定要认识到自己的缺点，弥补自己的缺点，提升自己的能力。同时，正视他人，学习他人的长处，而不是故步自封。这正如孔子所说的“三人行，必有我师焉，择其善者而从之，其不善者而改之”。

（3）掌握正确思维方法和技术。

这正如那句俗语：“上帝不会奖励那些努力工作的人，只会奖励那些既努力工作又用对方法的人。”

我们都知道，要想启动计算机，首先需要电源供给器和电压，电脑操作手册上显示其电压允许有上下 35% 的浮动。当外界电源的电压超过浮动下限时，系统可能会出现问题，但是，通常情况下我们都会想到磁盘驱动器出问题了，因为电压太低的问题不用仪器测量是看不出来的。

但是，作为电子工程师应该先检查电源还是磁盘驱动器呢？答案非常清楚！受过基本训练的电子工程师，其检查的第一个步骤就是测量电源电压，很快就会发现电压的问题，等电压调到正常范围以后，再看磁盘驱动器是不是还有问题。多数情形下磁盘驱动器都是好的，只要电压正常了，问题也就解决了。

其实，电子工程师和我们一样，也是普通人，但是因为他们掌握了正确的思维方法和技术，所以做事情自然事半功倍。

三维思维之一：梦想模型

运用二维思维确实可以解决很多问题，可是当二维思维的“面”被更大的思维“面”挡住时，我们会发现，我们又被阻碍在原地，寸步难行。

可是，有没有更高的思维层次来解决这样的问题呢？

在培训中，我经常问学员们一个问题：“如何从一张巴掌大的纸上穿过去？茅山道士有穿墙之术，咱们不穿墙，穿纸。如何穿过一张纸？而且这张纸不能撕断。”

学员们一开始都会跃跃欲试，但最后却没有一个人想到解决问题的办法。这时，我会将一张巴掌大的纸拿到大家面前，对折，再对折，使之变得更小。

然后开始剪这张纸。注意，纸不能剪断，否则就不是闭环。

剪后再将纸摊展开来，原来那张巴掌大的纸，现在变成了一个纸形圆环，然后，一个人，甚至两个人都可以从这个大大的纸形圆环中穿过去。就像变魔术一样，真的很神奇。

在心理学上有一道测试题：在一块土地上种植四棵树，使得每两棵树之间的距离都相等。这个问题曾经难住很多人，因为大家都在平面上思考，怎么都想不出来。但是我们有没有想过，如果从平面上跳出来，从立体空间来想这个问题呢？这时候，我们就会发现，在一块土地上种植四棵树并且让每两棵树之间的距离都相等，这太简单了！

还有，如何用大小长短相等的六根火柴搭出四个三角形来？这个问题其实和“四棵树”的问题一样，需要我们跳出平面思维，进入立体思维才能解决。从 1945 年第一台电子计算机到现在的平板电脑的发展也是如此。这些都是立体思维的魅力！

然而，在现实中，因为我们平时经常运用线性思维、逻辑思维，对立体思维运用就非常少，甚至有些人终生都没有用过。

以战争为例，古代的战争都是平面化的，在这样的战争思想指导下，一城一地的攻守也是至关重要的，稍有不慎就会被歼灭。但是自从飞机发明之后，战争也随之发生改变，在第二次世界大战中，德国率先运用了“立体战争”的作战方法，闪电般袭击了很多国家，一度取得了很多战役的胜利。

互联网的发展，也改写了现代的商战思维，传统的平面思维、线性思维已经不再适用，基于传统行业和互联网思维的物联网、线上线上相结合才是竞争的制胜关键。

立体思维，也可以称为三维思维，它是一种纵横统一，多元思考，全方位反映思维整体的思维方式。成功的精英阶层，在现实工作生活中，特别擅长运用此种思维。这种思维从思维对象的本来面目出发，反映出思维对象的外在全貌、内在诸多本质或全部规律性，能够有效地、较大地克服人们思想上的片面性，它也是到目前为止最科学有效的思维方式（见图17）。

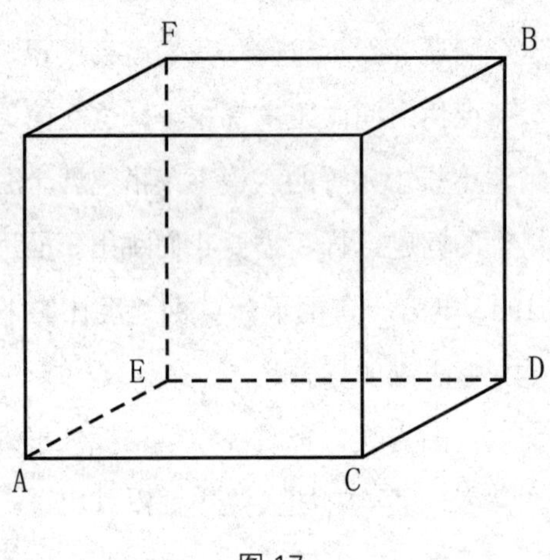

图17

假设A是起点，代表梦想，B是终点，代表梦想实现。我们从A点到B点可以从空间的一条线过去。空间的这条线上如果一个点被堵死了，我们可以从这条线所在的面上过去，也可以到达B点。我习惯性把这个解决问题的模型叫作“成功（梦想）模型”，也可以称之为“六面思维”。就像正方体有六个面一样，我们也需要有六个面的思维，而且六个面就可以确定出一个立方体。这跟六顶思考帽有异曲同工之妙，你有没有想过，如果将平面思维的六顶思考帽改为立体思维的六顶思考帽，将会怎么样？这也是一种思维的创新！

这六个面是态度面、知识面、技能面、思维力面、关系力面、行动力面（见图 18）。

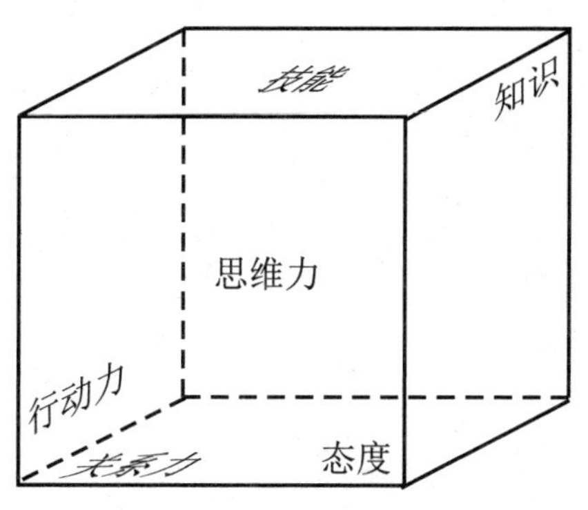

图 18

如果我们用成功的公式“成功 = 能力 + 机会 + 行动力”进一步解读，将会得到：

“能力 = 内力 + 外力”，在这里，内力是道，是态度和知识，外力是术，是技能；“机会 = 思维力 + 关系力”，这里的机会就是我们自己运用思维力、关系力创造出来的。

这样一来，这个成功的公式就是：成功 = 态度 + 知识 + 技能 + 思维力 + 关系力 + 行动力。

三维思维之二：态度、知识、技能

人的成功归结于三个方面：态度、知识、技能。

时下，“态度决定成败”已经被人们普遍认同和接受，而且，无须多说，每个人都能切身实际的感受和体悟。

同样，培根的经典名言“知识就是力量”也是万家皆晓。

在漫长的人类文明发展历程中，人类的知识都掌握在智者或精英手中。他们作为时代先锋不断地开创这个世界，探索这个世界，传承文明，发展文明。有了他们，人类的历史才是文明的历史，否则就将是一段野蛮之史。

如今，经过几千年的发展，知识的普及达到前所未有的程度。知识已经不再是力量，至少相对以往来说，获得知识的能力、持续学习的能力更为重要。

三维思维所需要的知识，准确地说，是专业知识，是你想成长的那个方向或者是领域的专业知识。

在谈创业时，我经常提到创业的三个必备要素：专业知识、市场能力和社会资源及人脉。

几年前，我的学生毕业后到广东去打工，回来后跟我谈到大部分工厂老板都是小学毕业或是小学都没有毕业，但是拥有几千万元，甚至上亿元资产，自己上了十几年学真是白学了。

这时我告诉他，知识是死的，人是活的，知识的力量关键在于怎么用。那些文化低的老板没有知识吗？错！他们有很多知识，而且是专业知识，他们创业领域相关的专业知识是非常深厚的。因此，我们这里所说的知识，不是更广泛的知识，不是广义上说的知识，而是狭义上的专业知识——你所要成长的、发展领域的专业知识。

三维思维所需要的技能，指的是掌握并能运用专门技术的能力。开车，需要开车技能；用电脑，需要电脑技能；做菜，需要做菜技能……各行各业，都需要相应的技能。

无论你学过什么样的技能，如果不能为己所用，发挥自己的才能，实现自己的抱负，这都不应该称之为技能，准确地说，是一种负担。这就好比有的人死记硬背的技能很强，可是进入社会，连工作都找不到，原因就在于其所学的技能不能被社会所用，被企业所用，不能为企业创造价值。

目前，人们对于技能的应用，主要有以下三种表现。

第一种，不注重技能，只注重态度（心态）。心态是“本”，注重事物发展的根本是对的，但是却忽略了“末”，人生既不能舍本逐末，也不能舍末逐本。因为人本来就是内在的身心灵与外在的技能相结合，是道与术的结合。没有道哪来的术？没有术，道又何以体现？人本来就是一个整体。但是很多人都将自己人为地“割裂”了。比如有的人天天修心，就是不培养自己的能力，结果，心灵纯净了，却无法凭一技之长立足于社会。

第二种，注重技能，但是只注重自己已经学过的、学会的技能。处于这种状态的人，总是强调自己以前多么多么厉害，却从来不敢说自己现在会什么。拼命学习已经被淘汰的技能，已经进入“历史博物馆”的技能，这只不过是在愚昧自己、愚弄人生。

第三种，过分注重技能，一切以技能为主。这种人似乎天生就掌握了“厚黑学”，什么事情混得开、做得开，就去学什么，而道德修养方面却从来不下功夫。结果，技能多了，根却没有了！一个人如果不将能力用于人类的发展，用于正向的事情，那么他学的越多，危害越大。我们提倡的技能，不是偏离道德发展的技能。

三维思维之三：思维力

思维力对一个人非常重要，很多人的失败不是自己不努力，而是因为缺乏思维力。往往一遇到问题，就被困住；遇到问题，只会退缩、逃避。这样根本解决不了问题，反而会制造更多问题。

曾经，在创业时期，我们就遇到过类似的情况。十年前，我刚开始创业，当时创办的是一家科技公司，在地下室经营一家店铺，面积将近一百平方米。在那里，我卖过礼品、饰品、化妆品、鞋、电脑产品、玉石，也开过书店、移动营业厅。后来，除了移动营业厅自己经营外，其他房间都租给了别人。

当时，有一个在校的大学生租了一间房间。半年之后，租约到期，我因当时在外地，便安排公司的一个合伙人和他联系，问他是否要续租。他明确地告诉我们不续租。之后，我们便将这间房间租给别人，可是，这个学生之后坚持说自己没有说过不租。

但是，那间房间我们已经租给别人了。怎么办？我让合伙人和这个学生沟通，结果，他们沟通之后，事情反而更复杂了。

那段时间，我正好在给新东方的学员们做培训，公司的事情都是合伙人在管理。有一天下午三点多，店长突然给我打电话让我回公司，说是店要完了。我当时心想，店里一定出大事了，于是马上往店里赶。

当我赶到店里，看见几个身材高大的陌生人围着那个大学生，一看到我进来，就眼光不善地打量着我。我的合伙人也找了几个人在那狠狠地盯着他们。看到这一幕，我就知道他们肯定谈崩了。

于是我将合伙人拉进办公室，问他怎么回事。合伙人答道："我和他谈，死活都谈不明白，他还威胁我不继续租给他他就找人来。我也非常生气，就对他说看谁找的人多，谁怕谁？"

不仅如此，他们还各自约人准备要大打一架。我一听，头就大了，于是问道："在店里打架，店还要不要了？"

合伙人说："我们约好了，到外面打，不会影响公司的。"

我听到这里感觉更头大！就说："好歹开店的是坐商，跑也跑不了；人家是'行商'，说走就走。不管打赢了还是打输了，对公司都会产生巨大的影响，公司的声誉是无价的。"

这样一说，合伙人也意识到自己做得有点过火了，可是却不知道怎么解决。我让他先带着他的朋友在办公室里等着。安排好他们之后，我走出办公室，与那位大学生谈。

大学生情绪还是很激动，我告诉他，他要求的大的方向我都同意，但具体的细节我们可以再细谈。他当时表示必须立即谈，而且必须答应他所有的条件。

我并没有直接回答，而是详细地和他说明利害关系："如果只为了租房子这点事打架，打完之后，无论谁赢谁输都得损失至少几万元以上的费用；如果有了伤残，几十万元都打不住。与其这样，还不如大家讲和，大的方向我们都可以协商。的确，当时是我们的失误，只是给你打电话而没有发短信，没有等你来签订退租协议，所以才造成了现在的误会。可是今天因为时间关系的确谈不了，还得下次详谈。"

那个学生想了想，说了句硬气的话："那好吧，哪天我来找你？"随后就带人走了。其实，后来他也没有来。只是打了个电话，将他的租房押金要走了。

这个问题之所以能顺利解决，是因为我运用了三维思维的思维力工具，进而找到了第三种解决问题的方法。我们可以用简图的形式表示（见图 19）。

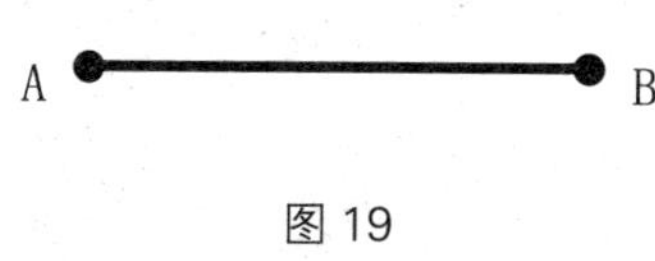

图 19

A 代表顾客的想法、利益以及顾客想要的解决方案，正如案例中的那位大学生；B 代表公司的想法、利益以及公司想要的解决方案，正如我的合伙人。他们都有自己的方案，然而双方都不认同对方的方案，各执己见，无法继续沟通下去，最后只能两败俱伤。

而我只是运用了三维思维的思维力，将他们的方案进行了融合，提出了包含双方利益的第三种解决方案，所以就有了图 20 的三角形。

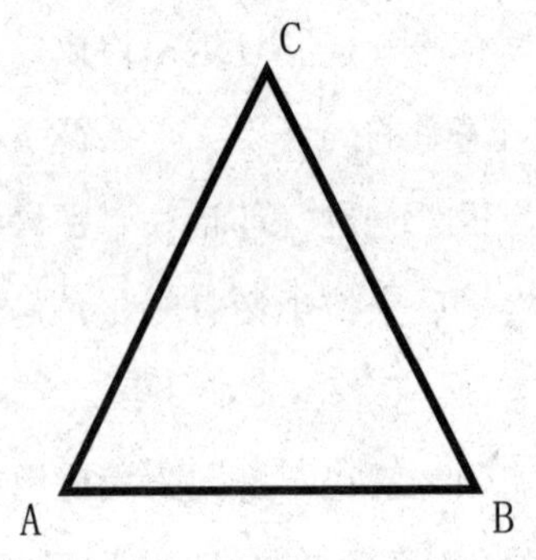

图 20

在这个三角形里面，既包含了 A 的一部分“◢”，又包括了 B 的一部分“◣”，它们共同组成了一个新的解决方案“△”。这个方案是两方都能接受的。并且，我在处理的过程中，也在积极寻找内因，而不是将事情归罪于外因——我们的问题是确实没有做到书面解决，没有资料证明人家已经退租。但凡有些思维力的人，也不会将事态扩大，从此以后，再有租房的事情，我都是找当事人当面签订协议。

三维思维之四：关系力

在这个纷繁的世界里，没有关系也是不行的，就像“水至清则无鱼，人至察则无徒”一样。天道循环运行需要各方面的关系，没有摩擦就没有运动，没有关系就没有发展。

作为精英，事业发展首先也要建立自己的关系，没有人是独自上路的。我们一直通过有形、无形的方式借助他人的力量，迈向自己的目标。很多时候，没有其他人的帮助，我们无法成功。

什么是关系？关系就是特殊的联系，就是“两点之间不是线段最短”。

在课堂上，讲到这一概念时，我经常会借用古代“关系”的写法，形象地说明什么是关系。

“关”字没有甲骨文，不过有金文。金文中的关字是周代刻在金属器皿上的文字（见图 21）。其写法是两扇门合在一起，有两个圆环，有一根棍子顶住。

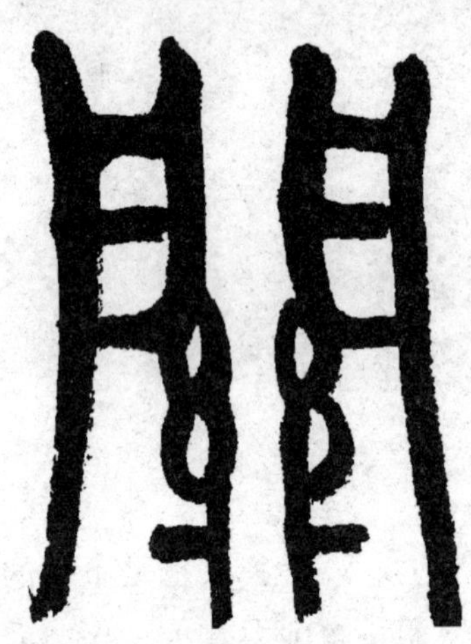

图 21

由此可知，关字的第一层意思就是有关联——什么事情，首先得有个关联。一扇门不是关，一个人不是关，必须是两扇挨着的门，必须是两个有联系的人，这才是“关”。这也是关系的第一层意思。

“关”字的第二层意思是相互制约的规则或机制——任何事情，如果只有单方面的意向或影响，都不是关系。我们需要换位思考，我能给对方带来哪些价值？我愿意为对方做哪些事情？想明白这些，我们就会发现，人与人之间相互制约的规则和机制就形成了，关系的第一步就已经成立了！这也是关系的第二层意思。

“系”字在甲骨文中写法的下半部分是三串系在一起的东西（见图

22），每串有两个圆圈，其实是类似线辊的东西。古人很早就知道将线缠到圆形物上，两个圆圈代表的是一组线辊，三组线辊最后交集在一个点上。

图 22

这正说明了关系的第三层意思——共同利益。“关系”就是有共同利益的人，没有共同利益，不会产生关系。为什么人家会帮你？为什么人家会持续不断地帮你？这里面一定是有共同利益的。就像我们和父母之间的关系，是家族血脉的共同利益，让我们紧紧地绑定在一起。

而“系”字的上半部分是只手，这非常生动形象地展示了共同利益怎么来的，或者是怎么才能创造出来，那是由我们自己主动用双手创造的。

我在培训时，会问学员一个问题：“如何获得良好的人际关系？”通常学员们会对此众说纷纭，这时，我会告诉大家：“建立情感账户。”

情感账户，形象地说就是人与人之间的一种信任程度，它是一种最为珍贵的“虚拟货币”。

人与人之间的交往也存在着这样的“情感银行”，像独特的账户一样。比如我见一个人，第一天请他吃饭，第二天还请他吃饭，第三天请他去新马泰旅游……这些都是存款。

但是，第四天我跟他说，我出来没有带零钱，借 30 元钱我打个车回家行不？学员这时就会毫不犹豫地答应！这是为什么？因为我在这个人身上已经存了很多款，我的“提款额度”还在“存款额度”之内，他一定会帮我的，这就是取款。

借用《高效能人士的七个习惯》里史蒂芬·柯维博士的话来说“存款就是对人友善及有礼貌，遵守承诺，满足期望，忠诚，不做两面人，能够及时对做错的事情认错并道歉”。在中国古代，存款的最好方式就是孔子在《九思》里讲的“色思温，貌思恭”。

什么是“色思温”？就是待人面色要温和，微笑。有句话叫“抬手不打笑脸人”，讲的就是这个道理，所以，我们要经常对人微笑让人感觉到快乐，喜悦、欢乐的氛围就是最好的存款。

科学家研究发现，人在生气的时候，呼出的气体所含的毒素足以毒死一只小白鼠。古人常说怒伤肝，怒是有毒的，生气的人，他周围的气体也是有“毒”的，这个人此时此刻的气场更是有“毒”的。如果每天都面对着一张生气的面孔，与其在这样的环境下生活，倒不如赶紧离开，否则，无异于慢性自杀。

什么是“貌思恭”？就是对人要有礼貌。礼貌不费分文，却能赢得他人的尊重。

有些人，天天请客吃饭，但是脏话连篇，不懂礼貌，不尊重他人，盛气凌人，甚至当着其他人的面打骂、指责、侮辱他人，这种人根本交不到真正的朋友。跟着他混在一起的，绝对都是狐朋狗友、酒肉朋友。

相反，有些人，对人很有礼貌，也非常尊重他人，尽管不经常请客吃饭，但是别人也会觉得他非常好，这就是存款。遇到问题，大家就一定会帮他。

想要获得良好的人际关系，需要我们不断地为“情感账户”存款。

任何人，都无法用言语弥补自己的行为给他人造成的伤害。因为伤害深了，再怎么通过“存款”去弥补，都无济于事，他人也不会再给你机会，再次信任你。

在和别人相处中，要获得良好的人际关系，我们需要了解一些最基本的人性。

1. 人人都想成为重要人物

世界上没有人不想成为重要人物，即使最没有雄心、最谦逊的人，也希望被人看重。

我曾给部分企业学员做过“国王和天使”的游戏活动，活动中，我让每位学员扮演国王的角色，但是有些学员说自己不想做国王。我于是问他们想做什么？有的人说我要做山寨王，有的人说我只想画得更好，有的人说我只想唱歌唱好……其实，他们都想在自己的领域做到最好，或是更好，他们都想做自己领域的“国王”或者“女王”！

2. 人们不在乎你知道多少，但他们在意你有多在乎他们

人与人交流，首先要告诉别人自己能给对方带来什么好处。有些人只想着别人能给自己带来什么好处，总是想着自己的利益，久而久之，人际关系肯定就会出现问题。

对于一个人来说，只有先考虑你身边的人想要什么，他们才会感受到你的关心。当我想和一个人深入交流时，通常会先问他的梦想，知道他的梦想是什么之后，会接着想怎么才能支持他实现梦想，这样一来，很多人自然也会关注到我的梦想，就这样，我们在无形中建立了一个互相支持对方实现梦想的圈子。

对于企业来说，人才是做生意能够得到的最高利润，人才是实现梦想的核心力量。最好的管理不是将员工管好，而是让员工知道企业有多么在意他们以及他们所在意的事物。很多企业经营不好，员工之间人际关系太差，因为企业老板、企业领导层不知道员工真正需要的是什么。对员工需求的忽视，让不少企业员工关系越来越差，效率低下，再好的商业模式都形同虚设，严重阻碍企业发展。

3. 人人都需要重要人物

在“国王和天使”游戏活动中，通常讲到天使这个角色时，我都会给大家讲一个故事。

19 世纪末，在英国，一位贵族的孩子在一个池塘边玩耍时，不小心跌入池塘，他立即大喊：“救命。”

然而，那些在庄园里耕地的农夫都没有任何行动。这时，一个农夫还有些“清醒”，他立刻放下手中的农具，跑到池塘边，跳进池塘，将落水的孩子救了上来。问清楚这个孩子家在哪里之后，他直接将孩子送回了庄园。

直到到达庄园的门口时，他才知道这个孩子原来是个贵族。这时，孩子转身向他说了一声谢谢，就跑回家了。

一个月之后，他的父亲从外地回来。聊天时，孩子讲了跌入池塘的事情。听到孩子差点死去，这位父亲非常揪心，愧疚自己没有尽到一个父亲的责任。但是当他听到孩子说只跟自己的救命恩人说了一句“谢谢”的时候，又感觉非常恼火。

因为身为贵族，应该有伟大的品格。于是，这位父亲带着贵重的礼物，驾着豪华的马车，带着孩子去感谢那位救命恩人。

他们来到那位农夫简陋的茅舍，敲开了房门。当农夫打开门，见到他救过的孩子和他父亲时，大概明白了什么。

贵族说：“感谢您救了我的孩子，可是我的孩子对他的救命恩人只是说了声‘谢谢’，这实在是太不够了。为了让他明白救命之恩的重要，我亲自登门来感谢，并且带来了厚重的礼物，请您收下。”

农夫一听，立即谢绝了。他说：“我明白您也是一位好父亲，您想教育好您的孩子。我想他现在一定懂了，什么都学到了。可是您要知道，我也有一个孩子，跟您的孩子年纪相仿。我不能收下这些礼物，否则，他会认为救别人就是为了这些回报。尽管我们贫穷，但我不想因此而让孩子曲解。”

贵族听了，备受感动。他知道对方不论如何都不会收下这些礼物，于是他说道：“这样，能否让我将您的孩子带到我的庄园，让他和我的孩子一同成长。您知道，我的儿子真的需要一位伙伴，请您一定答应我。我会送他们一同上学，上最好的小学、中学、大学，甚至出国留学，让他们成为这个世界最伟大的人。”

农夫听了，热泪盈眶。他万分感激地说：“谢谢您，贵族老爷，但也请您让我到您的庄园，为您免费做一些农活，这样，我心里也会舒坦一些。”

于是，贵族带着农夫父子俩一同回到了自己的庄园，送两个孩子一同上最好的小学、中学、大学……在第二次世界大战期间，那位贵族的孩子成为英国最伟大的人士——他就是英国首相丘吉尔。第二次世界大战期间，丘吉尔感染肺炎，就连英国最著名的医生都爱莫能助，人们只能眼睁睁地看着首相渐渐被死神拉走。

在生死关头，那位农夫的孩子——弗莱明带来了他发明的刚刚批量生产的盘尼西林来到了丘吉尔面前，救了丘吉尔的性命。

当年，农夫救丘吉尔的时候，没有想过这会改变自己家庭的命运；当丘吉尔的父亲决定带农夫的孩子回到自己的庄园，送他们上小学、中学、大学，甚至出国留学时，也没有想过这会再次挽救自己孩子的生命。但是这一切就这样发生了！

“人”字的结构就是互相支撑，的确，人最需要的就是支撑自己的人，人最需要的就是天使！你是否愿意从现在开始做他人的天使呢？

4. 帮助一个人，就能影响很多人

无论是在公共场合还是在私底下，我们都需要不断地与他人建立关系，可是，很多人困惑于不知如何建立关系。比如在公共场合，心想：那么多人，怎么建立关系？都去建立关系，怎么可能？不去建立，又怕失去生命中的贵人。

与他人建立关系的首要前提就是要认同他人现在和未来的价值。有些人总喜欢对别人进行各种各样的评价，特别是抓住别人的毛病死活不放，根本看不到别人的优点。在这种心态下，想要交到朋友是很难的。与人交往的关键是看人之大和看己之小。

看人之大就是多注意他人的优点，正如孔子所说“三人行，必有我师焉”。什么人都有值得我们学习的地方。圣人有优点，贩夫走卒也有他们的优点。只要你善于发现，万事万物皆是老师。看己之小就是多注意自己的不足之处，自己的短板，然后弥补自己的不足，提升自己的短板。

看人之大自然会去尊重人家，在泰山面前，人是极其渺小的；看己之小自然会谦卑，不会骄傲自满，狂妄自大。这样去建立人际关系，就会游刃有余。

最后，建立关系最重要的是积极主动，等待别人主动与我们建立关系无异于守株待兔。

三维思维之五：行动力——

行动力是“梦想模型”最后一个面。

在理解这一概念之前，有必要先区分一下“知识就是力量”和“行动才有结果”。

在以往，说“知识就是力量”的确没错，但是在信息爆炸的时代，知识已经不是力量，学习力才是力量，行动力才是力量。没有行动，根本就不会有结果。所以，行动并有结果才是最重要的。

只有知识没有行动，无异于赵括“纸上谈兵”。简单地说——知道了不做，等于不知道；做了没有结果，等于没做。

想是没有用的，关键是做！只有了解别人做事的方法，亲身实践，才能学会做事的能力。否则，一切都是空谈。

一个成功者要从知道—悟到—学到，一直到做到—得到—传道。这就像郑板桥画竹一样，要经过上百次的习画，从“眼中竹”（看到才会画），到“心中竹”（不看也会画），进一步到“手中竹”（不看不想也会画），最后才能达到熟能生巧、信手拈来、挥洒自如的最高境界。

一个没有任何进步的文明社会，必然会被淘汰。历史上这样的案例太多了，曾经的古希腊、古罗马、古埃及、古巴比伦都被淘汰了。这是系统法则，是自然规律，不以个人意志为转移。

任何人都需要不断地学习，这里所说的学习，是指通过改变自己的行为来不断探索各种可能性，而不是学习那些已经陈旧的知识。当今社会已经进入“体验时代”，没有体验行为的学习都是伪学习。所以，学习要注重行动性，有效性。

仿真实验的科学研究人员发现，能够将学习和进化融为一体的生物，要比那些只学习或只进化的生物更成功，它们繁育出的族群的适应力更强大，并且能一直存活到仿真实验结束的时刻。同样，未来社会的人才不是单纯的知识性人才或行动性人才，而是又有知识又有行动的人才。

电话的发明者贝尔就是行动力层面的最佳典范。

大家都知道，电话是贝尔发明的。

但是，为什么不是物理学家的贝尔，却能发明需要根据物理学原理才能发明的电话?

年轻的时候，贝尔就有一个梦想：一个人站在这边，另一个人站在那边，两个人相隔几十里，通过一个装置，就能听到彼此讲话。

那时，他只是有这个想法，但却不知道怎么去做，他跟当时知名的物理学家亨利教授说了自己的想法。亨利教授一听，就拍着他的肩膀说道："年轻人，做吧。"

由于没有物理学知识，进展非常缓慢。当他遇到实在不能解决的问题时，想起了鼓励他的亨利教授，就去向他请教。

亨利教授听完他的困难后，又拍着他的肩膀说道："年轻人，学吧。"

贝尔开始从基本的物理学原理学起，花了几年时间终于发明了电话。

当他发明了电话后，很多记者来采访他，纷纷提问："你不是物理学家，却发明了电话，为什么你会发明电话？"

贝尔说道："我能发明电话要感谢一个人。"

记者们问："谁啊？"

贝尔说道："亨利教授。"

记者们奇怪道："可是发明电话的是你啊？"

贝尔说道："是亨利教授告诉我怎么发明电话的。"

记者们更奇怪道："可是亨利教授怎么没能发明出电话啊？"

贝尔说道："因为是他告诉我发明电话的十一个字。"

记者们好奇地问："是哪十一个字？"

贝尔说道："有想法就干，遇到问题就学！"

这就是具有行动力的人应该做的，没有环境，我们要创造环境；没有条件，我们要创造条件。只要想做，就去做！精英就是这样的一群人。

四维思维之一：H线

在静止的三维空间，我们还有可能被“堵”在某个点或某个面上，什么也做不了，这时，该怎么办呢？这就需要我们有四维空间的思维，即四维思维。

假设我们面前有一个正方体，整个正方体从中间可以有一条H线穿过，这条H线就叫时间线。即使正方体整个空间被堵住，但是H线（时间线）始终都是存在的，任何时候都可以穿过这个被堵住的空间，可以在这个空间的“堵点”里自由穿梭。

抗日战争时期，日本军队的武器装备非常强大。毛泽东战略性地提出以时间换空间，打持久战，用时间来让双方的实力此消彼长。几年后，日本偷袭珍珠港，太平洋战争爆发。随着美国等国加入反法西斯联盟，战争走势开始发生重大转变。

的确，时间真的是解决问题的最好方式。

诗人食指曾经写过一首诗，激励过很多人。这首诗就是《相信未来》：

当蜘蛛网无情地查封了我的炉台，
当灰烬的余烟叹息着贫困的悲哀，
我依然固执地铺平失望的灰烬，
用美丽的雪花写下：相信未来。
当我的紫葡萄化为深秋的露水，
当我的鲜花依偎在别人的情怀，
我依然固执地用凝霜的枯藤，
在凄凉的大地上写下：相信未来。
我要用手指那涌向天边的排浪，
我要用手掌那托起太阳的大海，
摇曳着曙光那支温暖漂亮的笔杆，
用孩子的笔体写下：相信未来。
我之所以坚定地相信未来，
是我相信未来人们的眼睛——
她有拨开历史风尘的睫毛，
她有看透岁月篇章的瞳孔。
不管人们对于我们腐烂的皮肉，
那些迷途的惆怅，失败的苦痛，
是寄予感动的热泪，深切的同情，

还是给以轻蔑的微笑，辛辣的嘲讽。
我坚信人们对于我们的脊骨，
那无数次的探索、迷途、失败和成功，
一定会给予热情、客观、公正的评定，
是的，我焦急地等待着他们的评定。
朋友，坚定地相信未来吧，
相信不屈不挠的努力，
相信战胜死亡的年轻，
相信未来，热爱生命。

这首诗曾经给了很多人勇气，让人们坚信，再苦难的人生，也会过去。面包会有的，牛奶会有的，美好的一切都会来临的！他们用时间，解决了自己在某个时期无法解决的问题。

当我们学会运用时间解决问题时，一切问题都会迎刃而解。

H线的运用，有一个重要的思维工具——家庭系统排列。

德国心理治疗大师伯特·海灵格研究发展的“家庭系统排列”，是心理咨询与心理治疗领域中一个全新的家庭治疗方法。它是集生命哲学、系统论、心理动力学、应用心理学、信息感受灵性催眠为一体的科学。主要通过现象学探究问题的引发根源，进而呈现隐藏在现实背后的影响因素。最初主要被运用在个体成长及家族动力方面，经过近些年的应用与整合后，逐渐被扩展至抽象元素排列、企业与组织运营管理决策的深层心理动力领域。

世界上的每一个人，作为社会性的生命，都隶属于某些系统——家庭、社区、组织……并且，每一个人自身就是一个系统，一个由身、心各要素构成的系统。正是这些大大小小的系统相互联系，进而构成一个完整的社会系统。

家庭系统排列发现，每一个家庭系统都有一个普遍存在的“自然的秩序”，它影响着每一个家庭成员，当所有的成员都遵循这一秩序时，爱就会有效地流动。

也就是说，这种“自然的秩序”会为夫妇、父母、子女或其他的人际关系维持和谐提供一些可靠的指引；同时也能为已经破损的关系，提供解决方法。

伯特·海灵格还发现，现在社会中很多人的身心问题，都是因为“牵连”而造成的。可以说，这种“牵连”重复着每一个家族成员的命运。很多“牵连”的开始，就是源于儿童早期对父母单纯的“爱”逐渐变质而引起的。

如果用当今精神分析理念来解释“牵连”，就是一个人还没有顺利完成与父母情感上的分离。在一个家庭中，它还可能带来一连串的“牵连”关系，从而导致一个家庭成员从幼年就产生不能理解的思想、情绪、行为，严重的还会产生人际关系矛盾、疾病和心理问题，并对其造成终身影响。

现实生活中，总会有某些隐藏的动力，影响或控制着我们，但是又难以觉察它们的存在。运用家庭系统排列法，就能将这些“牵连”的原因找出来，并且找出化解的可能。可以说，家庭系统排列解决的问题是可以超越时空的。

虽然家庭系统排列来源于西方，经过25年的临床实践验证，才被世界心理学界慢慢接受，然而，其本质的运作规律却来自中国老子的思想，可以说，东方的哲学思想为家庭系统排列疗法提供了指引。

国内著名民俗心理学家林仕锟说：“系统排列从古到今，唯独中国一直在应用这样的学问，只是我们不称为系统排列疗法。孔子之道为华夏子孙提供了数千年的系统排列，炎黄子孙一直沿袭着伯特·海灵格大师所说的序位。”

我们活在过去、现在、将来三个时间里。我们既改变不了过去，也去不了将来，我们只能掌握现在。

然而，尽管过去的事情改变不了，我们却为过去的事情徒增烦恼；虽然将来的事情我们去不了，但我们却天天做着白日梦，想着未来有多美好。

我们唯一需要，唯一能做的，就是把握现在，活在当下！

人类无数代精英追求的“永恒”，不外乎就是活在当下。在当下的“念”中，我们就可以永恒，可以静止。

如图 23 中，假设“≌”代表我们的生活，在我们每一个生活的瞬间其实都有一个缝隙，可以让我们达到永恒，这就是“↑”表示的，穿过空隙的瞬间。在这个“↑”穿过去的瞬间，我们的“念”就可以达到“另一个世界”，继而让我们能够站在更高的维度看待这个世界，解决问题。

≌ ↑ ≌ ↑ ≌ ↑ ≌ ↑ ≌ ↑ ≌ ↑ ≌ ↑ ≌

图 23

四维思维之二：内心的能量

世界的本原到底是什么，我们是否已经清楚？如果不了解这一本原，我们就很难让自身得以发展。

要了解这一本原，我们首先需要了解什么是量子物理学，什么是量子心理学。

量子物理学——1900 年，普朗克首次提出量子概念，时至今日已经 110 多年。自这一概念提出之后，经过玻尔、德布罗意、玻恩、海森堡、狄拉克、爱因斯坦等许多物理学大师的不断创新努力，到 20 世纪 30 年代，初步形成一套完整的量子力学理论。

与量子物理学对应的是量子世界——通常，人们把科学家在研究原子、分子、原子核、基本粒子时，所观察到的所有关于微观世界的特殊的物理现象称为量子现象。

量子世界具备两个特征，一个是其线度极其微小；另一个是其所涉及的许多宏观世界所对应的物理量，往往存在不能取连续变化的值（如坐标、动量、能量、角动量、自旋），甚至取值不确定的情况。

任何宏观世界的物体都是由微观物体构建而成的，因此，量子物理学不仅是研究微观世界结构的工具，在深入研究宏观物体的微结构和特殊的物理性质中，也同样能发挥巨大作用。

任何物质都是可以往下分的，在宏观世界里，我们用肉眼就可以看到那些眼前的事情。但是在微观世界的许多物体，我们用肉眼是无法看到的，但它们都是真实的存在——分子下面有原子，原子下面有电子、基本粒子。

然而，物质在微观世界的细分之后到底是什么？还能称之为物质吗？确切地说，应该称之为能量。如果我们从这种能量的思维来看待世界、了解世界，我们对世界的认知将会上升到一个更高的高度。

那么，物质细分下去到底是物质还是能量？关于这个问题，在物理学上，有一个著名的实验——光的波粒二相性。如果将它和四维思维结合起来的话，这个实验可以这样来展示：假设我们自己就是实验者，我们先准备一个“演示屏”，然后在“演示屏”前面再布置一个极其微小的管状细孔，这样就可以让光量子穿过去，打在演示屏上，看看到底呈现出的是什么。我们会发现，一部分实验者会看到类似泥巴扔到墙上四溅的情况，这证明了物质细分下去还是物质的理论；可是在另一部分实验者看来，形成的是类似能量的波动。这是怎么回事？到底哪个是对的？

事实上，这两种情况都是正常的，因为光量子本身就具“波粒二相性”。

至于什么时候会出现波，什么时候会出现粒，当实验者相信物质细分还是物质的时候，实验结果就会出现泥巴溅到墙上的“泥点效果”；当实验者相信物质细分是能量的时候，实验结果就会呈现能量的波动。

在精英思维领域，这一切都取决于人的内心，这太奇妙了。在宏观世界里，我们没有隔空取物、隔空飞物这样的特异功能，但是在微观世界里，我们完全可以具备。

如果我们能够在微观世界里时时做到我们想做的，那么在宏观世界里，我们一定也会心想事成。有一天，当我们发现，物质就是能量，能量也是物质，并且能够将其自由地转换，那么我们就可以在四维的世界里自由穿梭驰骋。

伟大的物理学家爱因斯坦发现了著名的能量守恒公式：$E=mc^2$。其中，E 就是能量，m 就是质量，c 就是光速。如果我们结合四维思维的话，就可以用图 24 表示：

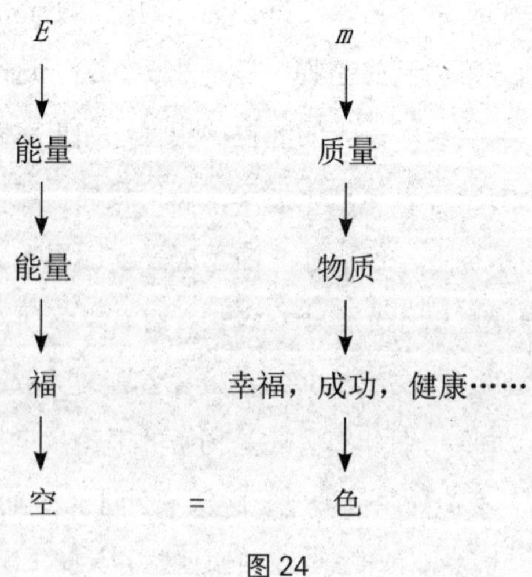

图 24

我们可以发现，我们人生的得、人生的福都在这个公式之中。如果你擅于运用这个公式，你就会做好“空与色”之间的转换，实现你想实现的。

量子心理学是利用量子物理学的研究成果，对人们看不见、摸不到的“心”进行了比较准确的描述：人类的心理是阶跃的，不是连续的，这种心理的不连续状态叫作量子态。究竟处于哪个态，是随机性的，但也是可以统计的。人类心理的复杂现象，其实是自然界一个普遍现象，有微观机理。

如果我们把量子心理学和爱因斯坦的相对论结合起来，再结合人类的思维，那么，我们可以这样阐述量子心理学和相对论：量子心理学——心理是小脾气不可预测，大方向可以把握；相对论——人类心理规律本质上都是一样的，不管我们的生长环境、教育程度，还有外部表现有多么的不同。

从这一点上，我们或许可以换一种说法：爱因斯坦在人类心理学方面的成就，是指出人的心理的相对性，他的结论是其必定有深刻的理论原因在背后。1905年他突然开悟，发表了物理学史上的里程碑论述——狭义相对论。如果结合心理学的运用，狭义相对论里面的两个基本原理，我们也可以这样描述：基本原理一：所有同年纪人的心理都是一样的；基本原理二：爱情对所有同年纪的人的诱惑及其程度、速度都是一样的，并且不依赖于爱情的来源。

在生活中，许多人往往不注重他们心灵的力量。如果我们经常和负能量的人在一起，心灵也会被其干扰，我们的想法也会消极，负能量越来越多，最后越来越糟糕。

外国有句谚语：“在教堂里和圣徒在一起，在酒店里和酒徒在一起。”说的就是志同道合的影响力。

中国也有这样的谚语：“近朱者赤，近墨者黑。”说的也是能量之间的相互影响，在四维思维里，我们要时刻关注内心的能量。

四维思维之三：学习的三种境界

我们的大脑，学习了太多有关思维的东西。但是，对于思维本身，我们又知道多少呢？对于心，我们又知道多少呢？

我们所有身体上的呈现都是由我们的脑、心、灵决定的。与它们一一对应的是：

脑——意识；

心——潜意识；

灵——无意识。

如果我们可以掌控自我的意识、潜意识、无意识，那么我们就可以改造世界，继而创造属于我们的世界。

学习有三种境界：

第一种境界，也是最低级的境界，事情已经发生，还在怪罪他人。

第二种境界，从自己身上发生的事情获得知识和经验；

第三种境界，从他人身上发生的事情获得知识和经验。

如果从四维思维的角度来审视这三种境界，我们会有全新的视野。

第一种境界是思维的学习，也就是大脑的学习。

我们从小到大一直在进行的就是思维的学习，逻辑思维、一维思维的学习。这种学习是最低级的学习，可是我们毕其一生都将精力投入到这里。结果发现，追求成功的阶梯却搭错了墙，所以我们什么也做不好，什么也做不到，什么也实现不了。

学习的第二种境界是身体的学习，也就是心灵（直觉）的学习。

这是最重要的学习，西方发达国家的教育几乎都是强调体验式的学习，强调在做中学，在玩中学，身体力行地学。

从现代的体验式教育看来，教育的主体，不应该是教师，而应该是学生。学生才是这个世界的主人，才是未来的接班人。

教师，只是一个引导者，学生应该在各种体验中自主地学习成长，用经验去锻炼自己的心和直觉。因为人是有直觉的，这种直觉的锻炼会让我们明白，什么时候自己的直觉才最准。通常情况下，人在某一方面经验最多的时候直觉最准。然后，运用这种准的直觉，去事半功倍地做事。精英，绝对需要这种能力。

学习的第三种境界是场域的学习，也就是“1+1 > 2”的学习。

场域是一种神奇的力量，经历过场域的人都会被场域的力量所震撼，继而明白个人的力量在场域面前是多么的微小，简直不值一提。

古代战争打的就是场域。面对面的厮杀，谁能胜？不是人多的一方胜，而是置之死地而后生者胜。历史上那么多以少胜多的战例几乎都与场域有关。场域极难形成，形成之后又极容易破碎，一旦破碎就会前功尽弃。因此，场域的学习才是最高境界的学习。无论学什么，无论做什么，只要你能够形成场域，你做什么都会成，因为场域的叠加会形成几何级数的能量。拥有这种能量，任何人都无坚不摧！

古代南北朝时期著名的白袍将军陈庆之带领 7000 军士作战 47 次，连克 32 城，甚至面对北魏尔朱荣的 20 多万大军也势如破竹、大获全胜！这种气魄，也只有场域的力量才能够达到。

场域，归根结底，其实就是一种系统。

就像我们的计算机系统一样，出现问题，可以有纠错程序，查出来就可以解决错误。在我们人类的系统中如果有错误，自然的系统就会惩罚我们，就像雾霾，便是人类对自然的系统犯下了巨大的错误，必然受到的自然惩罚。

五维思维之一：以火箭的速度应对蜗牛的世界——

五维思维就是在三维思维的基础上加入时间和速度，在四维思维上加上速度。我习惯性地把五维思维叫作速度思维，也叫作“火箭思维”！其核心思想就是“以火箭的速度应对蜗牛的世界”！

目前，人类所有发明中，速度最快的工具就是火箭。火箭是几千年人类文明智慧的结晶。它也代表着“新与旧”两个时代的显著分割，是新旧世界最明显的分界线。

火箭不仅改变了人类的速度，也改变了人类的“视”界。火箭不仅将人类带进了四维空间，更把我们带进了无限广阔的宇宙空间，也为我们开启了多维世界的窗口。火箭的发明，让人类真正感受到什么是“不一样的速度，不一样的感受，不一样的世界，不一样的空间”。

也可以这么说，速度的变化带来了我们原本熟悉的世界的各方面的变化，比如音速、超音速与光速。在物理学中，是这么阐释音速、超音速和光速的。

音速也叫声速，是介质中微弱压强扰动的传播速度，其大小因媒质的性质和状态而异。空气中的音速在 1 个标准大气压和 15℃ 的条件下约为 340 米 / 秒。在航空上，通常用 *Ma*（即马赫数）来表示音速，*Ma*=1 即为音速的 1 倍；*Ma*=2 即为音速的 2 倍。

超音速，是指速度超过音速。研究发现，当飞机飞行速度接近音速时，周围的流动态会发生变化，出现激波或其他效应，会使机身抖动、失控，甚至空中解体，并且还可产生极大的阻力，使之难以突破 *Ma*=1 的速度。人们把这种现象称之为音障。但是 1953 年，试飞员道格拉斯驾驶着“流星烟火”号飞机，在喷气发动机和火箭的双重推力下，首次以音速 2 倍以上的速度飞行。这说明，只要突破 *Ma*=1，就不会再有音障存在。

光速，是光波或电磁波在真空或介质中的传播速度。光速是自然界物体运动的最大速度。根据爱因斯坦的相对论，当物体以超光速飞行的时候，质量也许会变大，人不会变老。

从这三段阐释中，可以看出，当某个物体速度达到一定程度之后，曾经阻碍我们的“音障”等问题就会不复存在。理论上，当你在超光速飞行时，你的确会看到时间倒退，在其他观察者眼中，你在变年轻，但你自己的时间没有变化，你依然会觉得自己在正常变老，根本就在于，你的时间慢下来，观察者的时间没有变化。

同样，企业的经营也是如此，企业可以基业常青，但企业基业常青的关键就是“企业速度”。对此最为形象生动的比喻就是第一宇宙速度、第二宇宙速度、第三宇宙速度。

第一宇宙速度，是物体沿地球表面作圆周运动时必须具备的速度，也叫环绕速度，为7.9千米/秒，当物体达到这一速度时，物体会绕地球做匀速圆周运动。

第二宇宙速度，即地球表面处的逃逸速度，其值约为11.2千米/秒；当物体飞行速度达到这一速度时，就可以摆脱地球引力的束缚，飞离地球进入环绕太阳运行的轨道，不再绕地球运行，这个脱离地球引力的最小速度就是第二宇宙速度。

第三宇宙速度，从地球表面出发，为摆脱太阳系引力场的束缚，飞向恒星际空间所需的最小速度，其值约为16.7千米/秒；从地球起飞的物体飞行速度达到16.7千米/秒时，就可以摆脱太阳引力的束缚，脱离太阳系进入更广袤的宇宙空间，这个从地球起飞脱离太阳系的最低飞行速度就是第三宇宙速度。

从第一宇宙速度到第三宇宙速度，是人类环绕地球、飞出地球、飞出太阳系的必要速度，简单地说，就是必要条件。同样，每个人都有自己不同的目标和梦想，但是要想飞向不同的梦想、不同的终极目标就需要不同的速度，否则就无法实现，速度才是我们的核心竞争力。

只有更快更高的速度，才能带来更广更远的“视”界，带来更快更好的发展。这样，我们不仅能发现我们自身所在世界的不同，更能创造我们的生活，创造我们的世界——那些原本就应该属于我们的生活，属于我们的世界。

速度将带来我们想要的一切：梦想、愉悦、价值、美好的未来……追求极速、追求卓越是新时期、新人类的核心追求。

新的“大航海”时代已经来临，这个“大航海”时代不再是发现“新大陆”那么简单，而是要飞出一颗“星球”，飞向“宇宙”，进入全新的五维思维。现在，谁的起点高，谁先站上起点，谁就将决定未来“新宇宙”的新版图。

运用火箭思维，需要注意的是，所有的问题都是人造成的，所有的发展都是人创造的，所有的卓越都是人追求的。

然而，当我们以五维思维的角度去看待这个世界时，会发现这个世界有太多的人像蜗牛一样地活着，他们大部分的人生都停留在原点，或是缓慢地活着——生活没有质量，生活没有梦想，生活只是活着。世界不应该是这个样子！

整个世界就像一个大熔炉，每一个生命一出生就会进入这个大熔炉，但只有少部分会成为精英，他们创造了这个世界，并驾驭着它向宇宙深处前进。

运用五维思维，有三个要点值得注意。

其一，对我们自身有更严更快的要求。这样的要求会给我们带来生命的精彩与繁华。

其二，我们要以更强的能力、更快的速度轻松应对蜗牛世界的缓慢变化。

其三，这个世界不是大鱼吃小鱼、强鱼吃弱鱼的世界，这个世界已经变成快鱼吃慢鱼、更快的鱼吃不够快的鱼的世界。

火箭并非遥不可及，它已经是我们人类可以实现的梦想；人生的种种梦想也不是遥不可及的，只要我们以火箭的心态，积聚资源，积聚能量，快速行动，梦想的实现就指日可待。

五维思维之二：火箭思维与未来领袖力——

如何培育精英领袖，每当讨论这个论题时，我发现所有的问题都是人造成的，管理不好人，就管理不好问题。对任何问题的管理，其本质是对人的管理，项目管理也是如此，因为企业的一切问题都是人的问题。只有培养能够解决问题的人，才能解决企业过去和现在以及将来存在的问题。

企业的每一步发展也都是由企业里的每一个人推动而来的。企业不发展是因为企业的人没有发展，企业倒退是因为员工无法跟上社会进步的速度，无法跟上时代的变化。因此，能够自我高效能发展的人是企业生存与发展的关键。

所有的卓越，都是通过人们不断追求不断创造的。企业的愿景、信仰体系、梦想体系、目标体系的建立，终归是人的愿景，人的信仰体系、梦想体系、目标体系的建立。卓越的企业需要卓越的人，想要追求卓越的企业需要培养忠于企业的卓越的人。

网易、搜狐在发展初期速度非常快，但不久之后，就被新的网络文化所取代，也就是被盛大带领的网游文化取代。当他们回过神来再奋起直追时，已经被远远抛在后面了。

盛大在创造网游模式时即进入高速发展阶段，所以才有后来网游老大的身份，但是后期速度降下来后，已经跌出网游前三名。而腾讯一直在高速发展，不断推陈出新，目前稳做网游老大的位置，而且去年的销售额比后几位的总和还要多。

Facebook（美国的一个社交网络服务网站）创造的“网络社交文化”又取代了初期的“门户网络文化”和中期的“网游网络文化”，向更纵深的人际交往网络文化发展。这种高速发展缔造了企业发展传奇，也为未来的商业发展、商业模式提供了典范。

创新者乔布斯带来了“苹果奇迹”，苹果手机在极短的时间内成为“街机”，成为每一位时尚年轻人必备的手机。苹果的平板电脑不仅带来了“电脑革命”，更带来了人类思维、人类娱乐生活的高速发展，苹果也在高速发展中创造了自己的奇迹。

小米手机同样也是一个速度的奇迹，雷军在一次演讲中曾说：“我们的产品 2011 年年底上市，刚上市两个月就做到 5.5 亿元人民币，2012 年上半年、下半年——我们以每半年为一个曲线——它是一个近乎完美的增长曲线。2012 年全年 126 亿元人民币，2013 年全年 330 亿元人民币，我们成为全球创业公司里面最快到 10 亿美元的公司，以及最快销售到 100 亿美元的公司。”

这些都预示着，未来各行各业的发展，都是“速度之争”的发展，速度创造世界的时代已经来临！谁速度慢下来，谁就会被这个信息爆炸的社会、高速变化和发展的社会所抛弃，所淘汰。

对于企业来说，以速度制胜的火箭思维才是企业发展中至关重要的文化，火箭思维是未来领袖必须具备的思维力！

这一思维方案不是给“蜗牛世界”的人看的，而是给“火箭世界”的人看的。它让“火箭世界”不断壮大，不仅带领那些微小的生命，更带领地球这颗蓝色的星球，向宇宙纵深前行，创造更美好的时代。

其他多维思维简述

多维思维来自多维空间，有几个维度的空间就相对应有几个维度的思维。

一维是线，二维是面，三维是静态空间，四维是动态空间（因为有了时间）。现在科学家的理论认为整个宇宙是十一维的。

在物理学中，描述某一变化着的事件时，其所必要变化的参数就叫作维。有多少个参数就有多少维。比如描述门的位置就只需要角度，所以是一维而不是二维的。

进一步简单地说，零维是点，没有长、宽、高；一维是由无数的点组成的一条线，只有长度，没有宽、高；二维是由无数的线组成的面，有长、宽，没有高；

三维是由无数的面组成的体，有长、宽、高；这里的“维”可以理解成方向。

因为人的眼睛只能看到三维，所以三维以上就相对难以理解。正如一个人智力正常，如果先天失明、失聪（这样就没有双眼效应、双耳效应），就很难理解距离。

理解了宇宙的空间有更多维存在，其最大的意义就是，当我们再回过头来看相对论与量子理论是如何产生矛盾时，我们就很容易理解这两个理论在日常的三维空间里是不可能统一的，它们的矛盾是必然的，只有在高维空间里才能统一。

为了更好地理解这一点，我们可以虚构一个三维世界和二维世界的故事。

假设有一些生活在二维平面世界的生命，他们的世界里只有长和宽，根本无法理解第三维——高。因此，他们对三维世界的感知只限于三维物体在平面世界的投影，或者三维物体与平面世界的接触面。

试想一下，一个平面生命体怎么能够通过投影来想象三维物体的丰富性和完整性呢？当三维物体与平面世界接触时，三维物体在平面世界上的零碎片段，比如一张桌子的四根桌腿，这让平面生命体完全无法明白——这些拼不到一起的碎片究竟意味着什么呢？它们不能想象，四个互不相连的印迹怎么会构成一张完整的桌子呢？那断断续续的脚印上怎么会有一双完整的鞋呢？而且，鞋的上面竟然还有一个更加完整的人！用二维的眼光来打量这些碎片，你永远不可能将它们拼成一个整体。

于是有一天，一个足智多谋的平面生命体偶然想出一个绝妙的主意。

他宣布，平面世界之外还有一个向上的第三维，如果顺着这些碎片向上看，其实碎片是一个完整的整体！这真是个惊人的见解，但大多数平面生命体都对此困惑不解。

相对论和量子理论的遭遇，与这种情况非常相似。在三维空间里，它们就像两块永不相干的碎片，永远也无法拼合到一起。但把空间“向上”抬一抬，把宇宙变为十维空间，相对论和量子理论这两块看似永不相干的碎片，就会令人震惊地结合得天衣无缝，成为一个更完整的理论大厦的两根互相依存的支柱。

虽然我们在三维空间中无法想象和描述一个更多维的空间，但通过复杂的数学方程式的推导，仍能验证它的存在。思维也是一样的，有多少维度的空间，就有多少维度的思维，于是，我们就可以看到六维、七维、八维、九维思维，甚至更多！

六维思维是有温度的思维，即在五维思维之上再加上一个温度。任何物质，在不同的温度下都有相应的形态，相应的各种属性也不一样。所以，做事要考虑到“温度”，这是很重要的，不同的温度可以实现不同的效果。

人类生存的世界，是一个物质的世界。然而，这个世界还有许多人们肉眼看不到的物质。过去，我们知道物质的形态有三态，即气态、液态和固态。20世纪中期，科学家确认物质第四态，即“等离子体态”；而到1995年，美国标准技术研究院和美国科罗拉多大学的科学家组成的联合研究小组，首次创造出物质的第五态，即“玻色——爱因斯坦凝聚态”；2004年，这个联合研究小组又宣布，他们创造出物质的第六种形态，即“费米子凝聚态”。

不同的温度下物质形态是不一样的，比如在绝对零度的温度条件下才会有玻色——爱因斯坦凝聚态。在温度的维度上思考问题，解决问题的办法将更为丰富多样。

七维思维是在六维思维的基础上加上电磁力；八维思维是在七维思维基础上加上万有引力……

此刻，你的思维在哪个维度呢？

精英，就是需要不断地学习成长，永无止境。学有所用，用有所学，学用结合，日增日益。

读书笔记

读书笔记

读书笔记

卷三

原则

何谓原则

世界上，唯一不变的是变化和原则（规律），这里的原则就是自然的法则或真理。比如苹果从树上掉下来，一定会往下掉，不会掉到天上去，这是地球自然的法则，牛顿总结成为了万有引力定律。天道酬勤也是基本的真理，很多人不勤劳，还妄想一夜暴富，一步登天，这在原则上就是违反客观规律的。

仁、义、礼、智、信就是中国文化传承下的原则。

在古老的氏族社会中，强者可以给自己带来温饱，可以解决自己的衣食问题，但是保证不了氏族的延续性，因为强者也会老去。后来，强者打到猎物，会分给大家，包括老幼病残。因为强者明白，有一天自己也会老去。作为年轻的群体，他们猎取猎物，自己受伤甚至死亡的概率也不小，但是他们打到的猎物会首先请未去打猎的族长、老幼吃，然后再是自己，这就是仁、义、礼、智、信。随着时间的推移逐渐形成一些传统和规矩，正是因为这样，那些注重仁义的氏族就凭借这些传统大量存活了下来，这也是物竞天择，反观那些不共享食物的氏族，都已经湮灭在历史的长河中。

原则，全球适用，无论古今，千百年来，无论我们接受与否，它一直在那里。原则让遵循它的生命繁荣昌盛，让违背它的生命衰败灭亡。

天有天道，地有地道，人有人道，在天空生活的鸟有鸟之道，男人有男人之道，圣人有圣人之道，盗亦有道。

古代曾经有一位非常有名的盗贼叫跖。跖之徒问与跖曰：“盗亦有道乎？”跖曰：“何适而无有道耶？夫妄意室中之藏，圣也。入先，勇也。出后，义也。知可否，智也。分均，仁也。五者不备而能成大盗者，天下未之有也。”

这则故事是说，即使在作为盗贼的跖看来，能成为大盗也必须具备以下五道：一是能猜出房屋财物的所在；二是行动之时，一马当先，身先士卒；三是盗完之后，最后一个离开；四是偷窃之前，判断情况以决定能否得手；五是把所盗财物公平分给手下。

可见，道自古以来就存于天地之间。千百年来，遵守天道地道人道的，兴旺发达。不遵守者，失道失德，成为历史的罪人，比如夏桀、商纣、秦国的赵高、宋朝的秦桧、明朝的魏忠贤……他们都是曾经万人之上或权倾朝野，但是他们失了道，失去了原则，成为千百年来的反面教材。有人将追求权力和金钱作为人生的方向和目标，这是对精英的亵渎，也是人们盗用自己的价值观对原则进行篡改的结果。

中华文明源远流长的仁、义、礼、智、信，对于现在普遍信仰缺失的中国人来说，无疑是一剂心灵的良药。

什么是仁？仁者，爱人。具体表现就是对父母孝，对兄弟悌，对朋友信，对国家忠，对陌生人亦有爱心。

什么是义？义，其实就是负责任。具体表现为传递价值给他人，创造价值给他人；勤奋、自助、智慧、逆商、勇气；守护我们的梦想、我们的亲人、爱人、那些爱我们的人和我们爱的人。

什么是礼？礼，其实就是顺人心。不是自己的心，而是他人的心。具体表现为遵守社会公德，遵时守信，真诚友善，谦虚随和，严于律己，宽以待人；在各种类型的人际交往活动中，以相互尊重为前提，要尊重对方，不损害对方利益，同时又要保持自尊；不同场合、不同对象，应始终不卑不亢，落落大方，把握好一定的分寸；倾听他人梦想，帮助他人成功。

什么是智？智，其实就是善。如善水，似善德。智不是聪明，而是智慧。具体表现为将自己融入大海；海纳百川；付出，给予，利他，爱心传递。

什么是信？信，就是信仰、信念、信任。具体表现为活着就是为了信仰（信念）；信任是一种心态，一种选择，一种能力 ；要成果，不要结果。

孔子说：“人而无信，不知其可也。大车无輗，小车无軏，其何以行之哉？”意思就是说一个人如果没有信用，真不知道他该怎么办。正如大车没有輗，小车没有軏一样，要靠什么行进呢？这里的輗、軏是古代车上重要的部件。

当整个社会都喧嚣不已时，原则就显得更为重要。特别是精英，更应该遵循原则。因为现代人极需要静心、正心、诚意、诚德。

我们要重塑民族和一代新人自强不息的魂魄。

这是精英的使命，也是责任。

原则与价值观

什么是价值观？

价值观是我们对人、事、想法或原则所定的价值或优先次序。它包含三个层次：

（1）自我选择的信念及想法；

（2）内在的、主观的，是“我们如何看这世界”的“看法”；

（3）受我们成长历程、社会及个人省思的影响。

举个例子来说：

几十年前，曾经有一艘美国的军舰在大海上执行任务。经过两个多月的时间，很多军官开始疲惫了。这时，舰长说，我去休息一下，没有什么事情就不要打扰我。说完，他就回自己的舰长休息室休息了。

可是，刚躺下十分钟不到，就有军官来敲他的门，非常急促。他才正要入梦，所以非常暴躁，就气愤地打开门，厉声问道：“我的命令你没有听到？”

下级军官也着急地说道：“有一艘船在我们的航线上从对面开来了！”

我们知道，在大海上，如果两艘船在一条航线上，还是相对开，那是极有可能船毁人亡的。

舰长大声叱道：“多简单，让他转向！”

下级军官立刻说道：“我们说了，他不听！”

舰长怒了：“一群笨蛋！非得我出马不可？躲开，我来！”舰长怒气冲冲地跑上了指挥室，跟操作员说，向对方发灯语，告诉对方转向，立刻！

很快，对方回了灯语过来——请你转向！

舰长一看，对方还真是难对付，生气地告诉操作员：“告诉对方，我是美国军舰的舰长，我命令你们立刻转向。”

很快，对方回了灯语过来——我是二等水手钟斯，请你立刻转向。

舰长一听，更火了，恼怒道：“告诉对方，我是美国第七舰队密苏苏里旗舰的舰长，如果你不转向，我将一炮轰烂你。”

对方半天没有灯语回来。

舰长嘲笑着对身边的人说道：“看看，多么简单的一件事情，你们都办不好。对方已经转向了，我要去休息了，你们别再打扰我了。”

舰长刚要休息，下级军官喊道：“对方的灯语传回来了。”

你猜对方传回的灯语是什么？很简单——我这里是灯塔。

我在培训中，经常会问学员几个问题：

——灯塔建在哪里？

——岸上。

——船在哪里？

——海里。

——岸大还是船大？

——当然是岸大了。

——船跟岸相撞，是哪个毁灭？

——当然是船！

那么大家应该明白了，岸是原则，灯塔是原则，船就是我们的价值观。我们按着价值观去“行驶”，总会撞到岸上，结果就是早晚有一天船毁人亡。如果我们能够按着原则去做事情，就像指引着我们航行的灯塔一样，我们就会避免船毁人亡的命运。

往往，讲完这个故事，我会与学员做一个互动，请五个学员上来，都闭上眼睛，举高自己的右手，伸出一根手指，向在座的人指出正北方在哪里，不能往天上指，只能往前后左右指。

这时，五个人几乎就是五个方向，指哪的都有。这时，我会再请大家睁开眼睛看一下，大家都会笑起来。

——地理上的正北方是存在的吧？

——是的。

——那么为什么我们每个人指的不一样?

这是因为每个人指的方向，都是凭着自己的感觉指的，也就是按着自己的“价值观”指出了一个方向。我们很多人天天就是按着自己的价值观做事情，结果违反了很多原则，违背了系统的法则，所以遭受惩罚。

可以说，原则就是自然的法则或是基本的真理，它具备四个特性：

（1）原则全球适用，没有时限；

（2）原则产出可以预期的结果，不以个人意志为转移；

（3）原则是个人以外的法则，不受个人制约；

（4）无论我们了解或接受与否，原则依然存在。

按原则做事与不按原则做事，最终会产生完全不同的结果（见图25）。

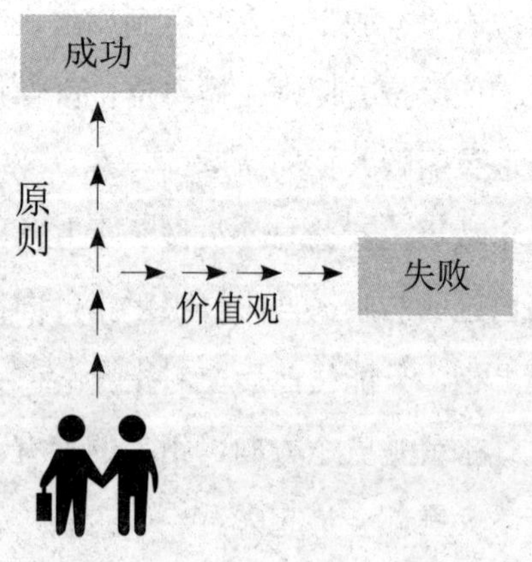

图 25

苹果熟透了会怎么办？掉到地上，这就是原则！你见过苹果熟透了会飞到天上吗？一定没有。农民种地一定是春播秋收，你见过农民在秋天播种秋天收获的吗？你见过种子种到地里立刻开花结果的吗？没有。

成功也是一样，任何成功都是依据原则而不是价值观。

或许有人会说你看其他人没有依据原则而成功了，那只是冰山一角，只是表面的现象。事实证明，很多看似成功的人不久就垮掉了。因为那只是一时的成功，这是不可取的，是没有效能的，真正的效能是持续地获得你的所需。

成功的一些原则

记得曾经跟一位知名的主持人吃饭，我问他为什么学识渊博，出口成章，对时下事情又那么了解？他说因为他每天回到家睡觉前，再困也要坚持写日记，第二天早上再把昨天发生的事情看一遍，每天保持阅读，天天如此。

这就是成功的法则，而不是不劳而获！想要获得成功，需要具备三大原则。

1. 正义

要理解正义这一原则，首先需要参考古代两个经典出处。

（1）正义：公正的、正当的道理。

《史记·游侠列传》：“今游侠，其行虽不轨於正义，然其言必信，其行必果。”

（2）正义：公道正直；正确合理。

汉代王符在《潜夫论·潜叹》写道：“是以范武归晋而国奸逃，华元反朝而鱼氏亡。故正义之士与邪枉之人不两立之。”

不仅如此，正义原则还需要掌握一个关键点——崇善弃恶，从善如流。这个世界上，有些事情是我们必须去做的，有些事情是我们千万不能去做的。我们必须去做的事情，简单地可以归纳为“五必给”：知仁爱之物必给；知为义之物必给；知利他之物必给；知造福之物必给；知行善之物必给。

人存在的价值，在于给别人价值。这包含两个方面，一是传递价值给别人；二是创造价值给别人。人生就是传递价值创造价值的过程。传递正义的价值，创造正义的价值，才是问心无愧的人生！

2. 骨气

要掌握原则，首先，要弄清楚什么是有骨气？“富贵不能淫，贫贱不能移，威武不能屈”是中国人对骨气两字最标准的解读。其实，骨气还有更深层次的内涵，我们可以将其总结为五个词语。

（1）勤奋：闻鸡起舞（祖逖）、卧薪尝胆（勾践）

无论在哪里，都要勤奋；你不勤奋，早晚你会“被勤奋”。很多人小时候不努力，大了找工作都难；想有个安稳的生活，可是没有学历都敲不开好工作的门，怎么办？只有沦为“被勤奋”，天天没日没夜地工作。所以，勤奋非常重要。

祖逖为了国家的未来，为了百姓的和平，日夜苦练武艺，才有了收复失地的“才能”。一个人，只要勤奋不是光为自己，而是为国家、为这个世界，那么，他一定会创造一番惊天伟业！

即使你失败，即使你跌入谷底，就像勾践一样，只要你勤奋，日夜不忘忧国，不忘自己真正的使命和价值，你也一定会重整旗鼓，创造未来。古语说得好：天道酬勤。

（2）自助：毛遂自荐（毛遂）、三顾茅庐（刘备）

中国有句古话：“自助者天助！”反过来理解就是说一个不会自助的人，还想乞求他人的帮忙，简直是痴心妄想。

毛遂如果不在关键时刻自荐的话，他的一生也就碌碌无为了。很多人都觉得自己很厉害，幻想伯乐的到来，这不是不可能，不过这种可能性跟中五百万元彩票的机会差不多。

一个人即使要找人帮助，也要像刘备一样，找一个可以帮助自己、辅助自己的人。要做到如此，也得需要你自己有尊重人才的心态，主动地、低姿态地去请人家。现在有不少人，请人家帮助，还一副凶巴巴的高傲姿态，甚至摆出盛气凌人的样子，这种人是没有高人愿意帮助的。我们一定要谨记——人才不能量产，高人更是稀缺资源。

（3）智慧：围魏救赵——（孙膑）、 草船借箭（诸葛亮）

现在，很多人都觉得自己很聪明，这种聪明其实只是小聪明，没有智慧。没有智慧就做不成事情！

庞涓就是聪明的人，但是遇上了孙膑这样有智慧的人就完全失去了战场上的运气，最后只有失败自刎了。

人生也是这样，作为精英，要有如孙膑和诸葛亮一般的智慧，事业才会一帆风顺。

（4）逆商：完璧归赵（蔺相如）、入木三分（王羲之）

作为精英，一定要有逆商。无论遇到什么困难都可以解决，而且看问题能够入木三分，将问题彻底看透。

（5）勇气：破釜沉舟、背水一战（项羽）

精英要有破釜沉舟、背水一战的勇气。高尔基说过：“或者腐烂，或者燃烧！”鹰和爬虫永远是两种不同的生活，要么做鹰，要么做爬虫，没有中间道路可走！精英，要有勇气凤凰涅槃，让自己成为精英，而不是害怕未来，害怕挫折和失败！

总而言之，有骨气的人第一要勤奋，能吃苦；第二能自助，自助者自有天助；第三有智慧，可以解决身边发生的问题；第四是有逆商，可以在困境中游刃有余地解决问题；第五就是勇气，在最后的关键时刻能有破釜沉舟、背水一战的勇气！

3. 负责任

每个人都肩负责任，但并不是每一个人都负责任。做一个负责任的人，要明白以下三点。

（1）责任就是守护我们重要的东西，这些重要的东西有我们的梦想、我们的亲人、我们的爱人、那些爱我们的人和我们爱的人。

（2）负责任是一种态度、一种选择，与能力无关。

（3）天下兴亡，匹夫有责。

血液的责任，就是为人体各机能提供各种养料，维持新陈代谢，维持机体的生存和发展。血液最大的价值就是为人体各部分（宏观部分、微观部分）提供各种价值交换，传递价值，甚至创造价值，人没有血液就无法生存！

同样，世界没有负责任的人就无法存在。负责任是连接各种价值的纽带，是一种让世界更美好、更健康的生活态度。

战略与战术：未曾选择的路

关于“原则与价值观”，我们还可以从“战略与战术”的角度进行深入研究。

按照价值观做事，有时我们可能胜了，但是却因此输了未来，因为违反了原则，必然会受到系统的惩罚。就像我们按照战术去做事，战术上我们赢了，但战略如果错了，我们即使赢了现在，但未来却输了个精光。

有些人认为错了可以重来，可是，真的可以重来吗？拿破仑战略错了，他重新来过了吗？历史不会再给他机会！

很多人将拿破仑的失败归于一场战役，但真是一场战役吗？不，是拿破仑在战略上错了，所以才在一场战役上败了，这是战略而不是战役胜败的问题，是战略的错误在那场战役中得到了显著的呈现。这是由系统决定的，不是由其他决定的。

同样，古希腊、古罗马战略错了，它们重新来过了吗？历史也没有给它们机会，历史是现实和残酷的。

无论你曾经多么显赫，只要你失去了原则，失败是早晚的事情。就像曾经的拿破仑、曾经的古希腊、古罗马。

有些错误，只要你愿意去改正，什么时候都不晚；有些错误，只要犯一次就没有回头路。

诺基亚公司的战略错误，让公司失去了进取的机会，结果失去了未来的市场空间。苹果公司带来了娱乐时代，更符合年轻人的需要，诺基亚没有跟上这种变化，只有被淘汰出局。诺基亚的失败不是战术的问题，而是在于它在战略上早已经落后。

当年，传呼台非常火的时候，很多人将大量资金投资进入这个产业，可是当移动电话占据市场战略高地时，所有的传呼台都倒闭了，所有的投资都付诸东流了。这就是“战略与战术”的价值所在。战略是原则，战术是价值观，原则错了，就会一切都错，就会得到系统最为严厉的惩罚。

作为精英，学习、尊重系统的法则的要诀就是重视战略，遵守原则。

这是根本，不能本末倒置！

这也是一个选择！你将怎样做出精英的选择？

读书笔记

读书笔记

后 记

感谢您读完这本书！

2014 年 7 月底，开始写这本书，自 8 月初，吾弟庆伟给我买了苹果手机之后，开始运用新媒体的力量在微信、博客、QQ 连载。平时因忙于公司事务和培训的事情，草创而成，还有许多不足之处，敬请谅解。

写这本书，源于我对精英理念的定位和阐述。

几年前我创办精英班的时候，就有人笑谈：“就他们，还是精英呢！”

在高校期间和在进入社会之后，发现“官二代”、“富二代”横行，而那些有才华的人因为没有背景、没有身份很难出头。

听过太多的人对于精英的不同见解，所以当时我就回答道：“精英，不是这个样子的！你们说的，更多的是贵富阶层！”

当下，中国社会的五大阶层的流动都十分缓慢，或是没有流动，这对于健康社会是一个病症。

任何一个国家的强盛和伟大，都不是取决于它的贵富阶层，而是取决于它的精英阶层。很多国家不是亡于贫穷，而是亡于没有精英！绝大多数古代的富裕国家都毁灭了，但绝大多数精英主政的国家都留存了下来，而且会继续发展。这就是历史的优胜劣汰，适者生存。

精英这本书可以改变一个人的命运。

这里面的零维思维、一维思维、二维思维、三维思维、四维思维、五维思维甚至多维思维都是我对人生的感悟，期望能够帮助大家解决现实中的问题，因为我自己也是这些思维的实践者和应用者，从中受益巨大。

在以后的培训课程中，我也会不断地推广这些思维及思维工具，让更多的人可以自如地运用，改变命运，心想事成！

这本书也是我对精英的重新定义和阐释。让更多志同道合的人，可以不论出身，贫富，名望，在自由和公平的环境中成长。成为对这个国家真正有用的人——不夸夸其谈，有理想，有抱负，有超强的行动力，并且爱自己的父亲母亲、爱家、爱国！

这本书的出版，首先要感谢书友对我的全力支持，他们是：

张迎维、陈丽贞、陈欢、吕固军、张永刚、高锋、张家维、王春琪、张吉亮、朱会芹、费宁、刘望、郭豪、王健飞、张松涛、王建青、梁锐、邹航、程亚宁、张强、黄羽诗、管清斌、李晨、张泽云、路小伟、马六甲、张培培、史敏、李立君、王军、朱晓东、岳海兰、李兆芬、张睿睿（母子）、张树清、尹大为、张婷、王姝、刘小谦、张煜彬、辛世喜、杨洋、张晓明、戴磊、付庆伟。

特别感谢：两面科技公司的吴董事长、金晓飞、戴磊、杨洋。

其次，感谢母亲一直以来对我的支持！虽然分隔两地，但每一次通电话，对我都是不离不弃，支持鼓励！这本书是我 2014—2015 年送给母亲的最好礼物，感谢她赐予我生命，感谢她对我的恩典——多少次在我危难时刻挺身而出，帮我承担了那么多的苦难！她是一位伟大的母亲，更是精英的代表人物！

再次，感谢我在天上的父亲！一直无法回避的，就是我身上的血脉来自于他，来自于一个伟大的家族，传承着这个家族的梦想与辉煌！三十年了，父亲去逝三十年了，这三十年间，不肖儿未尽孩儿之孝，在此忏悔，请求父亲的原谅！也感谢父亲在天之灵的一直保佑，无论我经历怎样的磨难，都没有让上苍将我灭掉，给予我改过自新，重新来过的机会！

最后，感谢所有爱我的人和我爱的人。一直以来，爱就是这个世界永恒的主题。感谢上苍让我们在这个世界有一次彼此爱护的机会。

愿我们都能成就一段传奇之旅！愿我的传奇中有你，愿你的传奇中有我！

只要我们树立成为精英的志向，掌握成为精英的方法，早晚都会成为精英！无数仁人志士积聚的精英团队期待您的加入！

仁者见仁，智者见智，一家之谈，相阅甚欢！

再次感谢您阅读此书！

星　辰

2015 年 2 月 16 日 23 点